李营华　编著

太阳和她的子孙们

Sun

河北出版传媒集团
河北科学技术出版社

图书在版编目（CIP）数据

太阳和她的子孙们 / 李营华编著 . — 石家庄 : 河北科学技术出版社 , 2012.11（2024.1 重印）
（青少年科学探索之旅）
ISBN 978-7-5375-5538-8

Ⅰ . ①太… Ⅱ . ①李… Ⅲ . ①太阳系–青年读物②太阳系–少年读物 Ⅳ . ① P18-49

中国版本图书馆 CIP 数据核字 (2012) 第 274550 号

太阳和她的子孙们

李营华　编著

出版发行 河北出版传媒集团　河北科学技术出版社
地　　址 石家庄市友谊北大街 330 号（邮编：050061）
印　　刷 文畅阁印刷有限公司
开　　本 700 × 1000　1/16
印　　张 9
字　　数 100000
版　　次 2013 年 1 月第 1 版
印　　次 2024 年 1 月第 4 次印刷
定　　价 32.00 元

前　言

青少年朋友对太阳及其行星有着强烈的好奇心和探索欲望。为了满足他们了解太阳系的奥秘，激发他们热爱科学、学习科学的热情，作者编写了《太阳和她的子孙们》这本书。本书语言生动幽默，插图风趣，为青少年朋友深入浅出、系统地介绍了太阳及围绕其运转的行星等天文科学知识。

与众不同的是，书中精心设计了许多我们日常生活中就可以做的有趣的小实验，使青少年朋友在了解神秘太阳系的同时，掌握了许多探索科学的方法。读完本书，青少年朋友就会了解到科学其实离我们并不遥远，科学就在我们身边，从而进一步增强青少年朋友探索未知世界的勇气和信心。

在过去，神秘的太阳及其行星是那样的可望而不可即。但是，随着现代科学技术的发展，人们对太阳系的了解越来越深入，特别是自20世纪50年代以来，人类发射了许多探测器，它们成了我们地球人的“特使”，飞向太空，去“访问”一个又一个宇宙“朋友”，获得了许多新的发现。

在本书中，你可以了解到不可捉摸的彗星、大量存在的小行星、神秘莫测的太阳耀斑；在书中，太阳的未来、地球的命运又会怎样？均可找到答案。不仅如此，人类已于1969年第一次离开地球，在月球上留下了自己的脚印，在不远的将来，人类还将登上火星甚至更遥远的星球。科学家们甚至正计划在其他星球上建设人类的居所、工厂和实验室，到其他星球上去生活、工作……

人类不仅仅属于地球，人类更属于宇宙。21世纪是人类走向太空的世纪，今天的青少年朋友，明天将成为宇宙的主人！

李营华

2012年10月于石家庄

目 录

一、太阳家族——太阳系

与我们人类关系最密切的天体可能就是太阳了。灿烂辉煌的太阳每天东升西落，照耀着地球上的每一寸土地，它那无尽的光和热，给地球带来了无尽的生机和活力。

在我们这个世界上，谁又能离得开太阳呢？地球上的江河奔流，风、雨、雷、电，四季更替，万物生长，甚至除去原子能以外的所有能源，追其根本也无不来自太阳。常言说：万物生长靠太阳。的确，如果没有太阳，地球将变成死气沉沉的荒漠。不仅地球，整个太阳系大家族中的成员，哪一个又不是依靠太阳生存的呢？如果没有太阳这位“家长”，太阳系“大家庭”早就分崩离析了，哪里还有这个井然有序的大家族呢？

那么，我们常说的太阳系是怎么一回事呢？这个家族中都有哪些成员呢？太阳这位“家长”又是怎样管理这个家族的呢？

万物生长靠太阳

●（一）谁是“中心”——人类对太阳系的认识

太阳系是一个与我们人类生存关系最密切的天体系统，这在今天已是尽人皆知的常识了。几乎所有的人都知道，太阳是太阳系的中心，地球和太阳系其他所有的行星以及小天体都在围绕着太阳转动。可是，就是这个今天看来非常简单的常识，却是人类一代又一代，经过了几千年的苦苦探索才得来的。

“爱动”的星星——行星

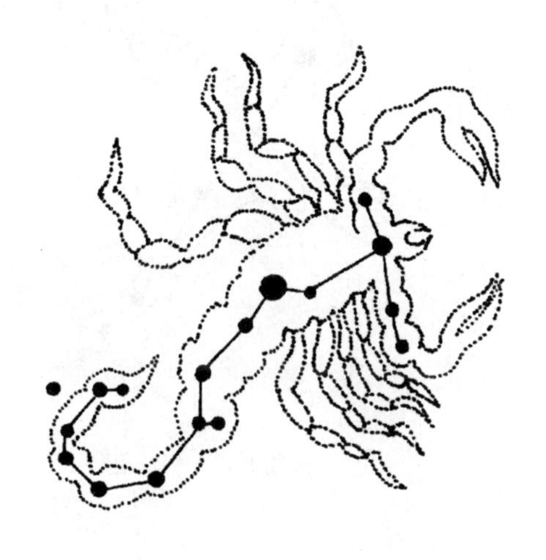

天蝎座

我们是否注意过，天空中大多数星星之间的相对位置几乎是不变的。比如，有几颗星星连成一个图案，它们就始终保持这样一个图案。如果今天晚上9点钟看到这个图案在天空的某一个位置，明天晚上9点钟再去看，这个图案还是在天空的差不多同一个位置。因此，古代人把天上这些不动的星星叫作恒星，意思是说天上的星星是永远不变的。同时，古代人还根据长期的观察和丰富的想象力，把天空中的恒星连成了各种各样的图案，并起了许多美丽的名字，这就是星座。当然，今天我们已经知道，恒星也是变化和运动的，只不过因为它们离我们太遥远了，它们的变化和运动在我们人类看来非常缓慢，难以发现罢了。

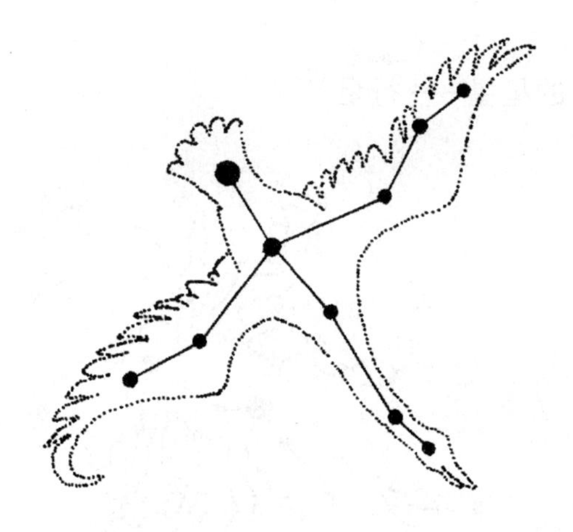

天鹅座

除了大量的恒星之外，古代人还注意到，天空还有五颗明亮的星星，它们“脾气”有些特别，不像其他的恒星那样，总在一个位置老老实实地待着，而是在其他星星之间来回穿行。它们今天在这个星座，明天却又跑到了另一个星座，位置总不固定。因此，古代的人们给它们起了一个形象的名字——行星。意思是说这些星星不“安分”，在天空到处“行走”。我们的祖先还用五行的名字次序把这五颗行星依次命名为水星、金星、火星、木星和土星。

但是，除了发现恒星不动而五颗行星“喜欢”运动之外，古代人并没有认识到恒星和行星的本质区别。也没有把行星和太阳、地球联系起来。此外，因为用肉眼只能看见五颗行星，所以，在发明和使用望远镜之前，人们一直认为天上只有五颗行星。目前，科学家们已在太阳系发现了九颗行星。

古代人已发现了“游走”的行星

地球是宇宙的中心吗

因为从地球上看去，天空中的太阳、月亮和星星都是东升西落，这种直观的现象很容易使人觉得地球本身不动，而所有的日月星辰都在围绕着地球转动。在科学不发达的古代，这种假象使人们错误地认为，地球是宇宙的中心。1 700多年前，古希腊人托勒玫，在仔细研究了前人观测行星的资料之后提出：地球是固定不动的，它“稳坐”在宇宙的中心。太阳、月亮、五大行星都沿各自的轨道分别绕着地球转圆圈儿，每个“圆圈儿”都是一层天。从里到外依次是月亮天、水星天、金星天、太阳天、火星天、木星天和土星天。土星天外面的一层固定不动，上面镶满了恒星，叫固定恒星天。固定恒星天外面还有一层叫最高天。

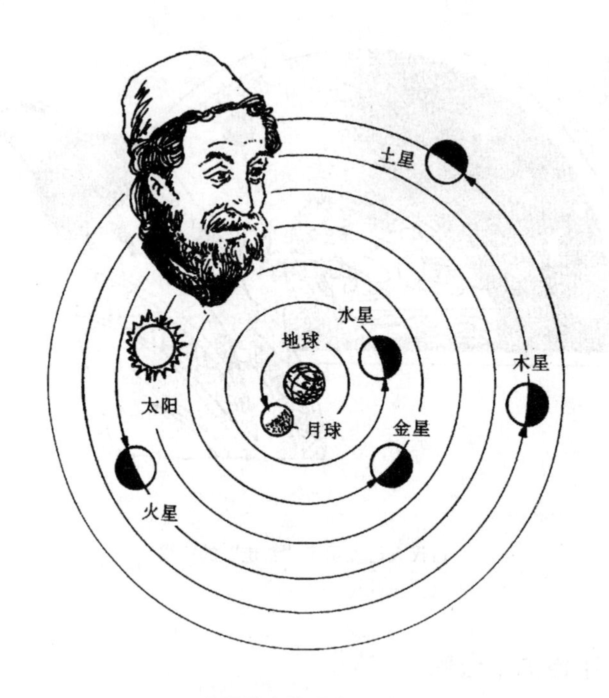

古希腊人的“地心说”

托勒玫认为行星各自沿着自己的轨道运动，这是正确的。但是，托勒玫把地球作为宇宙的中心显然是错误的。然而，在当时科学还不发达的情况下，托勒玫的说法能够解释许多现象，所以，地球是宇宙中心的说法，在西方统治了1 000多年。

哥白尼是16世纪波兰的一位天文学家，他用自制的简陋

哥白尼的“日心说”

仪器对神秘的天空进行了长期的观测研究。经过长期研究，哥白尼对地球是宇宙中心的说法提出了怀疑。他认为：这么多星星不可能每天都绕着地球跑一圈儿。实际上星星、太阳并没动，只是因为地球在自转，人们看起来好像是星星、太阳、月亮在每天绕着地球转圈圈。他还认为：地球不是宇宙的中心，太阳才是宇宙的中心，地球只不过是围绕太阳运动着的一颗行星，其他天体也都围绕着太阳运动。

“借光”的行星

哥白尼的“日心说”虽然推翻了地球是宇宙中心的错误说法，但是，受当时技术和观测条件的限制，“日心说”仍然有许多错误之处。其中最大的错误是，他把太阳当成了整个宇宙的中心，把太阳系和整个宇宙混为一谈，并没有发现行星和恒星的本质区别。真正把行星和恒星区别开来，并建立了太阳系这个概念的是伽利略。

1610年，伽利略在用他自制的望远镜观察金星、水星时发现，金星、水星也像月亮一样有盈有亏。他认为，金星、水星的这种变化，是太阳照到它表面的大小不同导致的。因此，金星和水星与恒星不一样，它们本身不发光，是像镜子一样反射太阳光，并且是围绕太阳转的行星，木星、土星和火星也一样，也是不会发光而是围绕太阳转的行星。

至此，人类对太阳系有了比较准确的认识。在此后的300多年中，随着科学技术的发展和观测手段的进步，人类对太阳系的认识也越来越准确完善。

●（二）太阳系家族的成员

太阳系是一个大家族，这个家族中的“成员”当然也是奇形怪状、多种多样的。从大小上来看，既有直径达14万多千米、体积比地球大1 300多倍的木星，又有直径只有几百千米甚至几百米、体积只相当于地球上的一个小山包的小行星；从它们的温度上来看，金星的表面温度最高可以达到485摄氏度，而远离太阳的冥王星的表面温度却只有零下240摄氏度；它们有的是坚硬的“石头蛋子”，有的却从里到外全是气体；有的孤身一“人”独来独往，有的却拖儿带女，携带着一大群卫星。各式各样的成员，使太阳系这个大家族显得异彩纷呈。

各不相同的太阳系家族成员

太阳系家族的主要成员——行星

行星是按照自己的轨道围绕着太阳运行、近似球形的一种天体。行星自己不发光，而是通过反射太阳的光而发亮。太阳系中目前已经发现的行星有九颗，从里到外依次是水星、金星、地球、火星、木星、土星、天王星、海王星和冥王星。其中，除地球之外，水星、金星、火星、木星和土星是肉眼可以直接看到的行星，所以早已被人类知晓。而另外三颗行星，是在发明了望远镜以及人类掌握了行星的运动规律之后才被发现的，其中冥王星直到1930年才被发现。

按照运行轨道的不同，科学家们把行星分成两类，在地球轨道内的水星和金星称为地内行星；而在地球轨道之外的火星、木星、土星、天王星、海王星和冥王星称为地外行星。根据行星的质量、大小以及化学成分的不同，科学家们又把行星分为类地行星和类木行星两类。

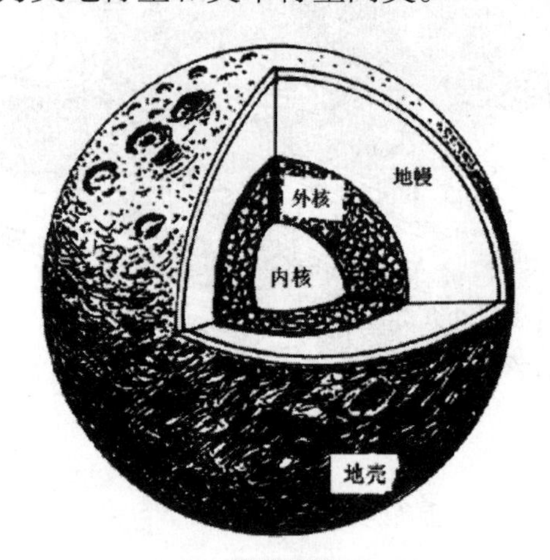

类地行星

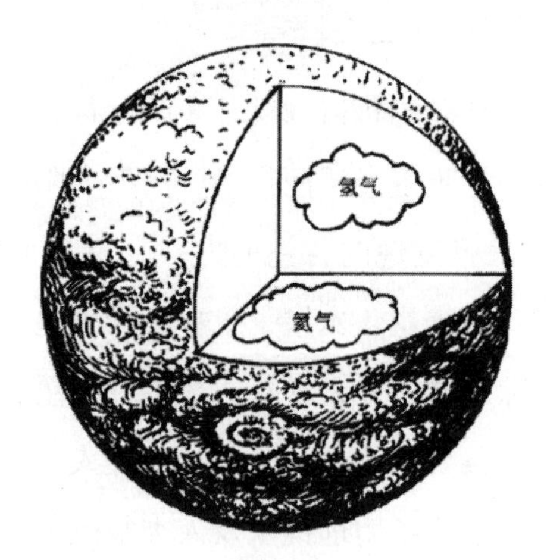

类木行星

行星结构示意图

类地行星意思是说，这些行星与地球相类似，它们一般体积较小，密度较大，内部都有一个主要由铁组成的核。水星、金星、地球和火星是类地行星。类木行星的意思是说，这些行星与木星相似，一般体积较大，密度较小，主要是由气体组成的。木星、土星、天王星和海王星是类木行星。冥王星的情况比较特殊，到底属于哪一类，有不同的看法。

行星的“月亮”——卫星

卫星就是围绕着行星运行的天体。我们熟悉的月亮就是卫星，因此，科学家们有时也把其他行星的卫星称为其他行星的“月亮”。如果把九大行星看做是太阳的子女的话，显然卫星就是太阳系家族“孙子”辈儿的成员，它们不是直接围绕太阳运动，而是围绕自己的行星运动，因此，它们是某一颗行星的子女，是太阳的孙子。目前，科学家们在太阳系中发现的卫星一共有60多颗，其中地球有1颗、火星有2颗、木星有16颗、土星有17颗、天王星有15颗、海王星有8颗、冥王星有1颗。金星和水星目前还没有发现有卫星。为了便于区别，科学家们一般按照发现的先后顺序为卫星编号定名。第一颗被发现的木星的卫星就称为“木卫一”，第二颗就称为“木卫二”；第一颗被发现的土星的卫星就叫“土卫一”，第二颗就叫“土卫二”，依次类推。卫星的大小悬殊很大，可以与月球相比较的有6颗，其中最大的是木卫三，其他依次是土卫六、木卫四、木卫一、月球、木卫二、海卫一。

“大行星”与小行星

在太阳系中除了已经发现的九颗行星和卫星之外，还有一类小天体，它们也直接围绕着太阳运动，所以显然它们不是卫星；同时它们又非常小，一般直径只有几百千米甚至几百米，所以它们又不能与九大行星为伍，于是科学家们把这类小天体定名为“小行星”。之所以叫它们“行星”，是因为它们也是直接围绕太阳运动的天体，加上它们的“个头儿”非常小，所以把它们叫作“小行星”是名副其实。为了与小行星区别，科学家们有时也把太阳系的九颗行星叫作“大行星”，又称“九大行星”，所以，行星和大行星是一个意思。

火星和木星轨道间的小行星带

可不能小瞧这些小东西，它们可是太阳系中数量最多的成员。目前已经发现的小行星已有6 000多颗，并且数量还在不断增长。科学家们估计，太阳系中的小行星总数大约有50多万颗。小行星绝大多数“居住”在火星和木星轨道之间，所以，在这个位置形成了一个密集的小行星带。有少数小行星不在小行星带中，它们有的跑到了离太阳很近的水星轨道里面，有的却跑到了离太阳非常远的冥王星轨道的外面。还有的小行星距离地球很近，甚至与轨道相交，给我们安全造成了一定威胁，如果这些小东西与地球相撞，地球就会遭受毁灭性的灾难。不过，我们用不着杞人忧天，与地球轨道相交的小行星非常少，即使小行星的轨道与地球轨道相交，地球与小行星同时运行到同一位置的机会也很少。所以，科学家们估计，小行星与地球相遇的机会大约是每百万年三次。此外，随着现代科学技术的发展，即使真的有小行星与地球相遇，相信我们人类也有能力，把这些捣乱的小东西“赶走”。

神秘的不祥之物——彗星

彗星就是常言说的“扫帚星”，它们是太阳系中一种特殊的天体。严格说来，彗星不能称之为“星”，因为从本质上讲，它们只是一团夹杂着冰粒和各种宇宙尘埃的似云非云、似星非星的气体团而已。因为彗星的轨道非常特殊，所以在地球上看到彗星的机会很少，加上它那拖着长长尾巴怪模怪样的形状，所以人们一直把它们当成神秘的不祥之物。

彗星是太阳系中体积最大的天体，它们的体积甚至比太阳还大。至于它们的那条长尾巴更是长得惊人，1843年测得的一颗彗星，它的尾巴长度竟达3.2亿千米，比地球到太阳距离的两倍还长。有趣的是，彗星的体积虽大，但却空洞无物，它们的质量小得可怜，最大的也不到地球的十万分之一。所以彗星的密度非常小，比地球上人为制造的真空还要“空”，以至于人们透过彗星长长的尾巴，可以清楚地看到后面的星星，而且星光一点儿也不减弱。目前，人类对彗星的了解还不多，所以太阳系中到底有多少颗彗星，还说不清楚。但有一点可以肯定，彗星是太阳系中数量最多的天体，甚至有人估计太阳系中有上千亿颗彗星。

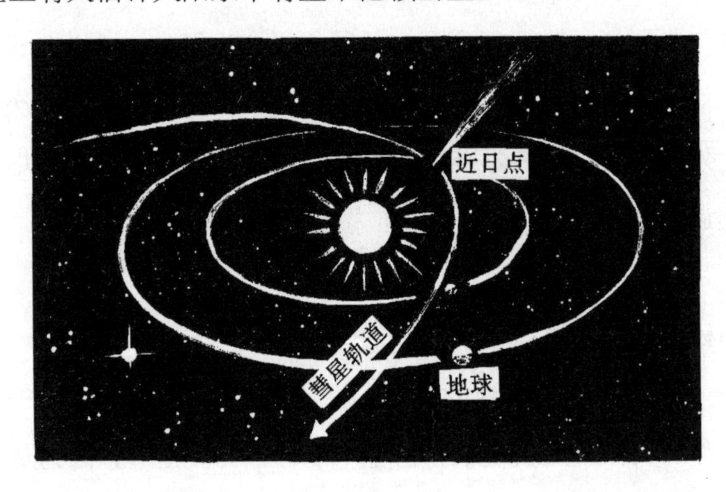

太阳风吹离的彗尾

流星和陨星

晴朗的夏夜，往往会有一条亮线划破黑暗的夜空，一闪即逝，这就是流星。在太阳系中，除了行星、小行星、彗星之外还有许多尘粒和固体块，这些东西科学家们称之为流星体。

划破夜空的流星

流星体也沿着一定的轨道绕太阳运转，当它们距离地球较近的时候，就会受到引力而向地球靠拢。流星体如果进入大气层，就会和空气发生摩擦产生高热，进而燃烧、熔化、气化，于是就会带着一条明亮的光带划破夜空，这就是我们有时看到的流星。

流星体的质量一般都很小，只有几克，体积只有一粒豌豆大，所以到不了地面，就完全气化了。质量大的流星体，不能在空中完全燃烧、气化，燃烧剩下的“残骸”，就会“流窜”到地面，这就是陨星，也叫陨石。科学家们估计，每年落到地球上的陨石大约有上万块，但多数落到了海洋和荒无人烟的地方，真正被人们发现的很少。

太阳系中的“垃圾”——行星际物质

在太阳系中，行星与行星之间不是绝对的真空，在这些空间有稀少的尘埃和稀薄的气体，这些尘埃和气体就叫行星际物质。太阳系中小天体的碰撞、瓦解，行星、卫星的局部爆发，行星大气的逸散、彗星的扩散、太阳向外辐射气体等都会产生行星际物质。

●（三）和谐的家族

现在我们已经知道，太阳系就是以太阳为中心，包括围绕着它旋转的九大行星，围绕着行星运转的卫星，数以亿万计的小行星、彗星、流星以及尘埃组成的一个庞大的天体系统。在这个系统里，太阳是主宰，只有它是唯一能发光发热的恒星，其他天体都是靠反射太阳的光辉而发亮。太阳的质量要占整个太阳系质量的99.9%，如此巨大的质量，以它强大的引力紧紧地把太阳系家族中的每一个成员拉在自己的周围，按一定的路线和速度运行着。因此，太阳系内虽然成员众多，却多而不乱。

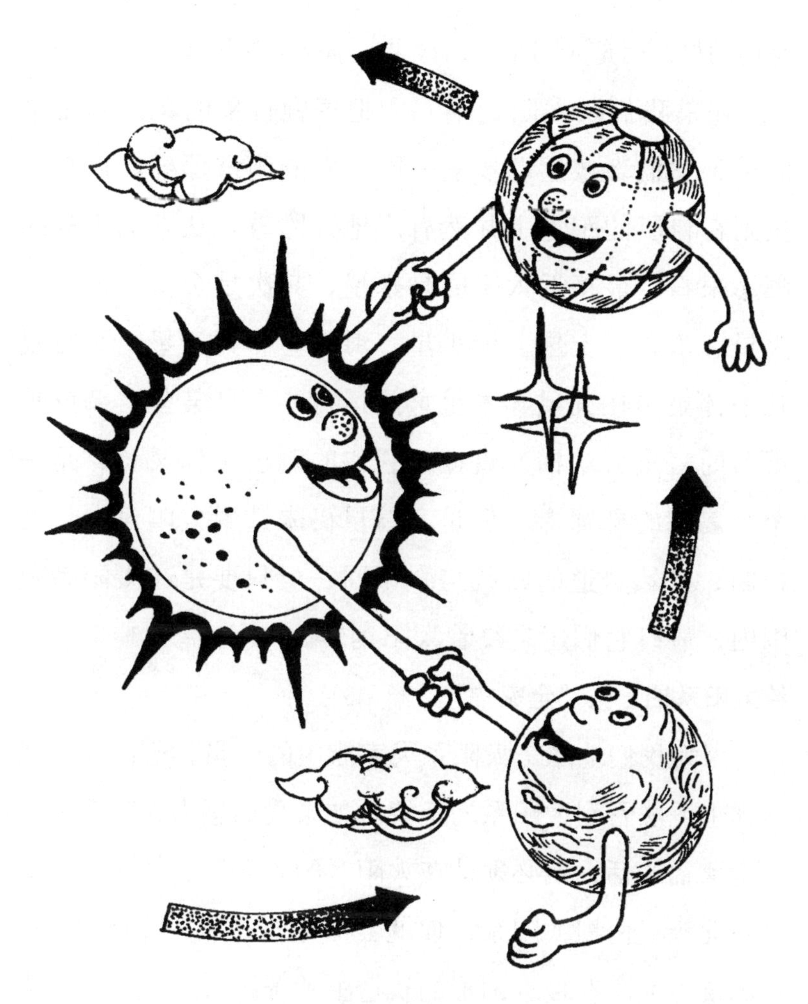

万有引力维持着太阳系的稳定

太阳系中的“跑道”

我们对运动场上的跑道都非常熟悉吧，比赛的时候运动员必须在自己的跑道上奔跑，否则就是犯规。有趣的是，太阳系中也有类似的“跑道”，只不过在这些跑道上奔跑的不是运动员，而是太阳系中的行星、小行星等天体。

如果我们以太阳为中心，把每颗行星的轨道画出来的话，它们真像运动场上一圈一圈的跑道那样。每颗行星则在自己的跑道上井然有序地奔跑着。从它们排列的顺序来看，最接近太阳的是水星，其次是金星、地球、火星、木星、土星、天王星、海王星和冥王星；小行星几乎都集中在火星和木星之间运行。只是某些“调皮捣蛋”的彗星喜欢横冲直撞，它们的跑道又扁又长，是一个个扁扁的椭圆形。但是，彗星仍未逃脱太阳对它们的控制，虽然轨道的路线与众不同，但只要是在太阳系范围内，最终它们还是绕着太阳运转。

给太阳系拍一张“全家福”

因为我们地球是太阳系大家族中的一员，所以我们在地球上无法看到太阳系的全貌。如果我们想为太阳系拍一张全家福的话，就必须站在太阳系的外面。假如我们能够站在北极星俯视太阳系，你就会惊奇地看到，所有的大行星围绕着太阳在接近圆形的轨道上“奔跑”。大行星围绕太阳“奔跑”的方向都相同，毫无例外地都是沿着逆时针方向“跑”。除了金星以外，各大行星在环绕太阳运行的同时，都绕着自己的轴逆时针方向自转，太阳本身也是逆时针自转的。所有行星的卫星，除极少数以外，都以接近圆形的轨道围绕着行星运动。各行星“跑道”之间相隔的距离，非常有规律，与太阳的距离越远，“跑道”之间的距离越大。成群结队的小行星，在火星和木星轨道之间绕着太阳运行；彗星沿着自己扁长的轨道，在太阳系中横冲直撞。

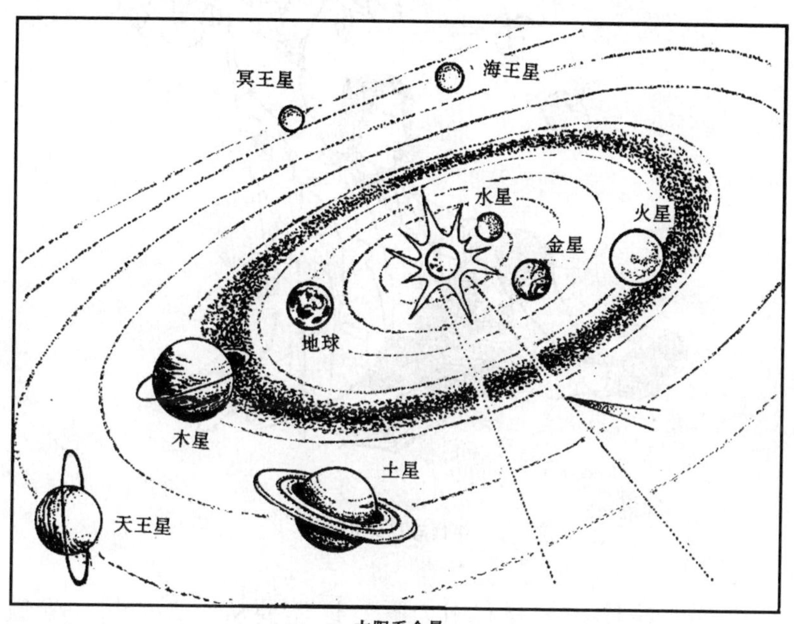

太阳系全景

拴住行星的“绳子”——万有引力

太阳系中的行星、卫星、小行星等为什么这么守规矩呢？这些现象是偶然的吗？太阳是用什么“魔法”把一个庞大的家族控制得井井有条呢？原来，在这里起主要作用的就是神秘的“万有引力”。

牛顿与万有引力

那么，什么是万有引力呢？这还要从牛顿谈起。牛顿是17世纪英国伟大的物理学家、数学家和天文学家。1666年，英国的伦敦瘟疫流行，牛顿为了躲避瘟疫离开了伦敦回到家乡。他在家乡的果园中散步的时候，无意中看到了树上的苹果向地下落的现象。这个一般人看来不足为奇的现象却引起了牛顿的极大兴趣。他想：为什么苹果向地下落而不往天上飞呢？一定是地球对苹果有一种引力，并且这种引力是指向地心的，所以苹果才会向下落，地球上的任何东西都会受到这种引力。进一步，牛顿又把这种引力扩大到宇宙空间。他认为：任何物体之间都有一种相互吸引的力，这个力的大小与两个物体的质量以及它们之间的距离有关，质量越大引力越大，距离越大引力越小。这种引力就叫作“万有引力”。牛顿的这个伟大发现，对天文学的研究起到了巨大的推动作用。

太阳就是依靠万有引力对行星和太阳系中的其他成员进行控制的。简单来说，任何物体在做圆周运动的时候，都会产生离心力，物体要想维持圆周运动就必须有一个与离心力相对应的向心力。太阳与行星及太阳系其他天体之间的引力正好充当了这个向心力。因为行星及太阳系其他天体运动的离心力与其质量、运动速度以及行星到太阳的距离有关，而行星及太阳系其他天体与太阳之间的引力也与它们的质量及它们与太阳之间的距离有关，所以，一定质量和一定运动速度的行星及太阳系其他天体只能在固定的轨道上运行，不能“乱跑”。所以，太阳是通过万有引力，把太阳系家族管理得井井有条的。

太阳系有多大

太阳系究竟有多大的空间呢？到目前为止，冥王星外面有没有行星还是一个未解之谜，所以我们目前还不能肯定太阳系的“边界”到底在哪里，太阳系到底有多大也就没有确切的答案。如果暂时把距离太阳最远的冥王星的轨道算作太阳系边界的话，那么太阳系所占的空间直径大约有120亿千米，即使速度最快的光走完这段距离也需要11个小时。

太阳系真是太大了。打比方讲，我们乘坐目前最快的宇宙飞船从地球出发飞到冥王星也要100多年时间。

但是，相对于浩瀚无垠的宇宙来讲，太阳系又算得了什么呢，它只不过是茫茫宇宙大海中的一粒沙子而已！

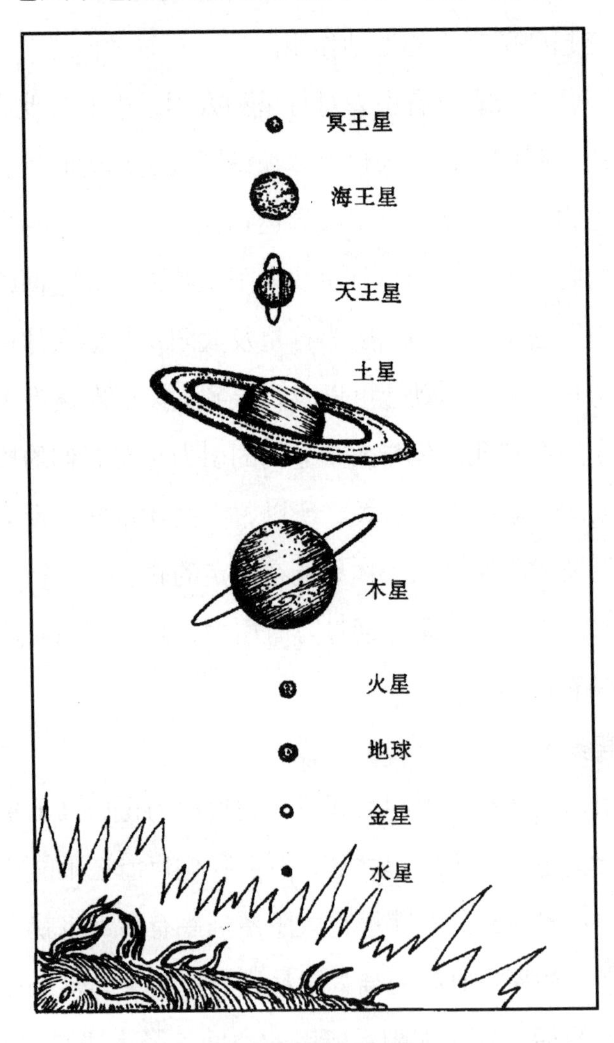

太阳系九大行星大小对比

（四）站在地球上看太阳系

我们前面已经介绍过，因为地球就在太阳系当中，所以我们站在地球上无法看到太阳系的全貌。那么，站在地球上观察太阳系的各个“成员”是怎样一种情景呢？

不眨眼的“星星”

前面我们已经介绍过，天上的星星几乎全是恒星，肉眼能看到的行星只有可怜巴巴的五颗。那么，在满天繁星中，我们怎样才能知道哪一颗是行星呢？有办法。首先，从天空的位置上看，行星肯定在黄道的两侧附近，不会在别的地方。什么是黄道我们下面还要介绍。还有一个更直接的办法就是：用肉眼看所有的恒星都会因为地球大气的抖动而闪烁，也就是我们平常说的星星会“眨眼”，而行星因为离我们较近，有界限很清楚的反光面，所以肉眼看上去一点儿也不闪烁，“眼睛”一眨不眨。用这个方法，我们很容易从满天的繁星中识别出哪一颗是行星。

太阳的专用“马路”——黄道

太阳是太阳系的“首领”，它光芒万丈，是最引人注目的天体。除了我们每天都感觉到的光和热之外，太阳在天空中每天都在“动”，那么，它是怎样移动的呢？

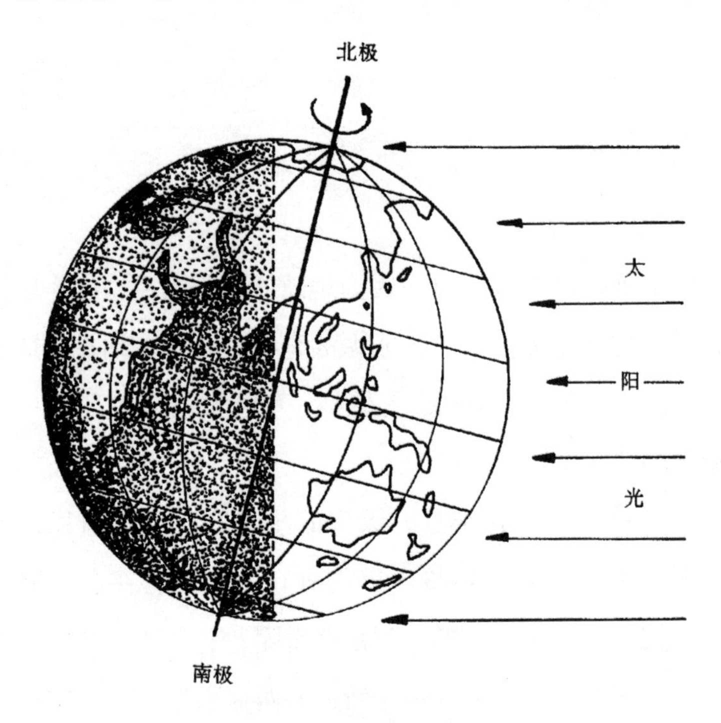

地球自转，太阳每天东升西落

从地球上看，太阳有两种移动，一种是太阳每天的东升西落，这实际是地球自转给人造成的一种假象。因为地球每天绕着自己的轴由西向东自转一圈儿，所以我们居住在地球上的人就感觉到，好像太阳绕着地球由东向西转一圈儿似的。因为太阳的这种运动是我们在地球上看上去感觉到的运动，所以，科学家们把这种运动叫作太阳的“周日视运动”。意思是说，从地球上看上去太阳一天的运动情况。特别要注意的是，太阳的周日视运动是我们人类在地球上感觉到的一种假象，绝对不是太阳真的绕着地球每天转一圈儿。

从地球上看太阳，除了每天的东升西落之外，太阳还有一种运动，这就是每年在星空中自西向东穿行一周。这个问题比较复杂，为了便于理解我们先介绍一下星座。

天上的星星那么多，“模样”又都一样，如果不想点儿办法，是很难区分它们的。为此，科学家们根据星星组成的图案把天空分成了很多“块”，并且给每一块都起了名字。比如，有的图案像一只大熊，这个星座就叫大熊座；有的图案像一架竖琴，这个星座就叫天琴座；有的图案像一只老鹰，这个星座就叫天鹰座，等等。这样找起星星来就容易多了，这样的“块”就叫星座。因为星座是按星星组成的图案划分的，所以星座在天空中占的面积大小及星座中星星的多少就相差很大。有的面积很大，星星很多，比如我们前面提到的大熊座，还有鲸鱼座等；有的面积很小，星星也很少，如圆规座、小马座等。现在，人们按照国际上的统一规定，把天空分成了88个星座。需要说明的是，这88个星座是整个天空所有的星座。从地球上看去，它们共同组成了一个巨大的“空心球”，把我们的地球团团“包围”。所以某一时刻，在地球上的一个地方，我们只能看到88个星座中的一部分，另一部分在另一面，不能同时看到。

用肉眼观察，恒星在星座中的位置基本上是不动的。太阳也是一颗恒星，只不过它是离我们地球最近的一颗恒星罢了，照常理来讲，太阳也应当属于某一个星座，并且在这个星座中的位置不变。但是，实际上我们人类看到的却不是这样。太阳在星空中的位置不是固定不变的，而是按照一定的轨道从这个星座移到那个星座，在星空中自西向东“行走”，每年运动一圈儿。

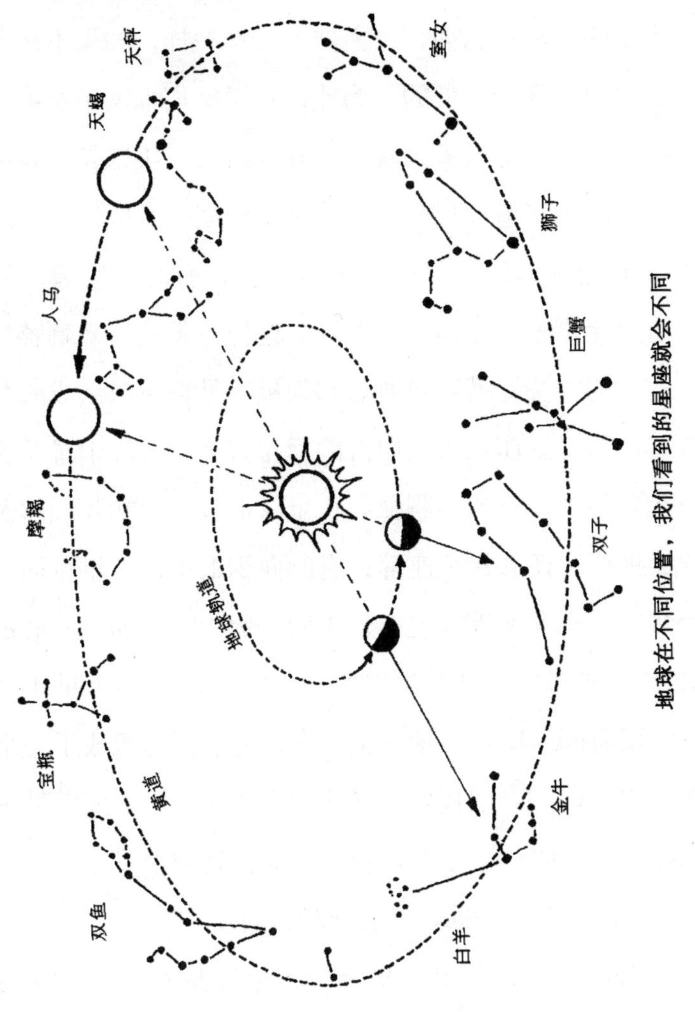

地球在不同位置，我们看到的星座就会不同

白天看不见星星，怎么观察太阳处在哪个星座和什么位置呢？实际上，白天天空上照样有星星，只是因为相对于其他恒星来讲，太阳距离我们太近了，太阳出来之后，强烈的阳光把其他星星的光给“遮住”了，这样白天我们就看不到星星了。假如我们白天也能看见星星，你就会发现一个有趣的现象，即太阳和其他的星星一起东升西落。知道这个道理之后，我们就可以利用日出和日落大致估计出太阳在星空中的位置。日出之前，东边地平线上太阳即将出现的位置；或者日落之后，西边地平线上太阳落下去的地方，大致就是太阳所在的位置。科学家们利用各种仪器和设备，可以准确测出太阳在星空中的位置。仔细观察你就会发现，太阳在星空中是沿着一定的“轨道”慢慢移动的。这个“轨道”围成一个大圆圈儿，正好通过12个星座，太阳每年沿着这个大“圆圈儿”在星空中穿行一周，这个圆圈儿就是“黄道”。所以，黄道就是太阳在星空中“行走”的“道路”。而所谓的“黄道吉日”的说法是没有科学道理的迷信说法。

那么，为什么太阳会在星空中“行走”呢？原来，这是地球绕太阳公转给地球上的人造成的一种假象。我们做个小实验看看：

小实验：找一片树木比较稀疏的树林子，在树林当中选定一棵树并做上标记，然后按照一定的半径绕这棵树转圈儿，这时你就会看到，这棵树的背景在不断变化，一会儿是这几棵树，一会儿是那几棵树，好像这棵树在树林中移动似的。实际上，你选定的树与树林当中其他树的相对位置并没有变化。那么，为什么我们看上去它的位置变化了呢？这是因为，绕着选定的这棵树转圈儿，就是从不同的方向看这棵树，当然树的背景也就会不断变化了。再比如，大街上有一根电线杆，它的北面是一栋高楼，南面是一排平房，你站在北面向南看这根电线杆，它的背景就是平房；而站在南面向北看这根电线杆，它的背景就是高楼。

太阳在星空中移动也是这个道理。实际上，太阳相对于它周围的恒星位置并没有变化，因为地球围绕太阳每年公转一圈儿，这样地球上的人看太阳的方向就会变化，当然太阳的背景就会发生变化，所以，我们看上去就感觉好像是太阳在星空中“行走”一样。

因为太阳在星空中的“行走”是地球围绕太阳公转引起的，所以，太阳在星空中的位置决定了地球上的季节，通过观察太阳在星空中的位置就可以知道季节。根据这个道理，我国古代人民创造了二十四节气，每个节气都对应着太阳在星空中的一个位置。如果想知道各个季节太阳在星空中的位置，我们可以查天象图。

太阳的“侍卫”——地内行星

地内行星就是在地球轨道里面的水星和金星。因为它们与太阳的距离比地球近，所以从地球上看，它们就像太阳的侍卫一样，总在太阳的附近。因为水星、金星的公转轨道与公转轨道基本在一个平面上，所以它们不会在星空中“乱跑”，而是在太阳的附近，由西向东或者由东向西“移动”。那么，地内行星为什么会来回移动呢？我们做个实验看看：

小实验：找一段结实的绳子，在它的一端捆上一个颜色比较鲜艳的小锁头或其他东西，请一个朋友帮忙，让他把锁头甩起来，使锁头水平转动，然后，站在一定的距离，使自己的眼睛与转动的锁头在一个平面上进行观察。这时你会发现，你看到的锁头不是在转动，而是在你的朋友甩锁头的那只手的左右来回摆动。

我们从地球上看到的地内行星，和上面做的实验类似，是由于它们的公转造成的。因为地球差不多正好在水星和金星的公转平面上，所以我们看上去好像它们在太阳的两边来回移动似的。当它们由西向东移动的时候，它们的运动方向与太阳沿黄道的运动方向相同，科学家们把这种现象叫作“顺行”；而当它们由东向西运动的时候，则正好与太阳沿黄道的运行方向相反，科学家们把这种现象称为“逆行”。当地内行星在太阳的前面或后面，差不多与太阳、地球在一条直线上的时候，叫作“行星合日”，简称“合”。行星在太阳后面叫作“上合”，行星在太阳前面，位于地球与太阳之间的时候叫作“下合”。“行星合日”的时候，地内行星与太阳同时升起，同时落下，我们看不见它们。地内行星上合之后，也就是从太阳背后“钻”出来之后，慢慢向东偏离太阳，黄昏太阳落下之后，出现在西边地平线上，成为“昏星”；地内行星下合之后，也就是在太阳的前面出来之后，慢慢向西偏离太阳，凌晨太阳出来之前出现在东方地平线上，成为“晨星”。水星因为离太阳太近，所以我们在地球上看到它的机会不多，而金星则常常在早晨或黄昏时见到。“东有启明，西有长庚”中的启明星、长庚星，实际上就是出现在凌晨或黄昏的金星，是同一颗行星。

在黄道两侧“溜达”的地外行星

因为地外行星的轨道在外面，所以从地球上看去它们与地内行星明显不一样。它们不是紧紧地“跟随”着太阳，而是可以出现在黄道两侧的任何地方，但是，它们绝对不会远离黄道。

很容易理解，因为地外行星轨道在外面，所以它们绝对不会在地球与太阳之间，所以地外行星不会有“下合”，而只有“上合”。也就是说，从地球上看去，它们只可能在太阳的后面，而不可能出现在太阳的前面。和地内行星一样，地外行星“上合”时我们也看不见它们。虽然地外行星不可能在地球与太阳之间，但是它们可以出现在后面，与太阳、地球在一条直线上，这种现象称为“冲”。“冲”时，从地球上看地外行星与太阳的方向正好相差180度，所以，这时地外行星在黄昏时从东方升起，凌晨从西方落下，整夜都可以看见。从地球上看，当地外行星的方向与太阳垂直时，叫作“方照”，行星在太阳东面叫“东方照”，行星在太阳西面叫“西方照”。“东方照”时，地外行星在黄昏时出现在天空的上方，午夜从西方落下，所以上半夜可以在西面天空看见。“西方照”时，地外行星在午夜从东方升起，日出时位于天空的上方，所以下半夜可以在东面天空看见。

需要说明的是，火星、木星、土星三颗肉眼可以看见的地外行星，它们冲、合、方照的日期、时刻是不一样的。

●（五）太阳系是从哪里来的

太阳系大家族在太阳的“率领”下，在茫茫宇宙当中，过着平静的日子。那么，太阳系是从哪里来的呢？自从了解了太阳系的大体结构之后，人类对此进行了许多猜测和探索。

太阳被彗星撞破了“皮”——灾变说

18世纪法国有个研究动物的科学家叫布封，他对太阳系是如何产生的问题很感兴趣。一个偶然的机会他从牛顿写的书中了解到，1680年曾经有一颗很大的彗星，因为轨道很扁，走到了离太阳表面很近的地方，几乎是与太阳“擦肩而过”。由此布封想：既然彗星能与太阳“擦肩而过”，也就有可能与太阳相撞。因此，布封认为太阳系中的行星、小行星等等是由于彗星撞击太阳之后产生的。

1745年布封写了一部叫《自然史》的书。在这部书中，布封对他的这种假想进行了详细的描述：大约在几万年以前，天空中出现了一颗质量特别巨大，轨道又非常扁的彗星。他给这颗彗星起名叫作“司命彗星”，意思是说这颗彗星决定了太阳系的命运。这颗彗星以很快的速度与太阳的表面发生了碰撞。这一撞就像摔破了一个生鸡蛋，太阳内部炽热的高温液体，立刻像蛋清、蛋黄一样“流”了出来。同时由于碰撞，太阳的自转速度加快，这些流出来的东西被甩在太阳周围，并围绕太阳转动起来。随着温度降低，这些东西慢慢凝固，就形成了太阳周围的行星，有的在行星凝固以前，又分裂出去一些小块东西，就形成了围绕行星转动的卫星。

现在看来，布封的这个“主意”实在是太糟糕了。首先，太阳表面从来就不是固体，也就是说太阳的外表从来就没有一层“硬皮”，太阳内部的东西不是靠“硬皮”包裹住的，而是靠无处不在的万有引力“吸引”在一起的。所以，根本不会有太阳被撞破皮的事情发生，也不会有什么“蛋清”“蛋黄”之类的东西流出来。另外，彗星体积有时的确很大，甚至比太阳还大，但是，彗星是一个地地道道的“空架子”，它内部的物质非常非常稀薄，比我们地球上的空气不知要稀薄多少万倍，所以它的“分量”很轻很轻，与太阳相比至少要小100亿倍。所以，即使真的有彗星撞上太阳，也只不过是蚊子飞进炼铁炉，对太阳根本不会产生任何影响。所以，“司命彗星”掌握不了太阳系的命运，太阳系绝不是彗星“撞”出来的！

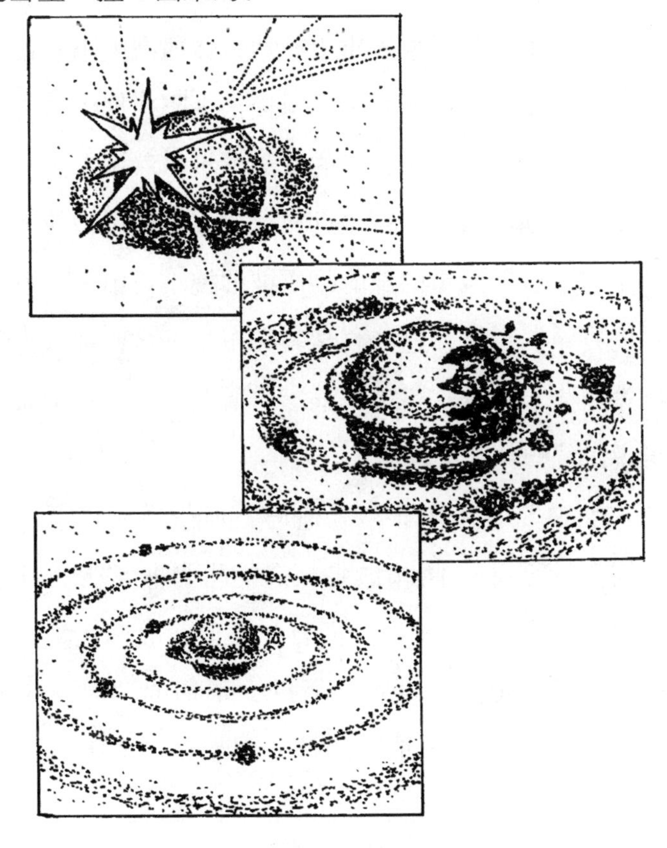

太阳系诞生“灾变说”

不过，我们绝对不能对布封要求太苛刻了。因为，在18世纪，人们对太阳、对彗星的了解都非常有限，能提出这样的设想已经很不简单。当时的人们都觉得布封的设想合情合理，所以他的“彗星碰撞”说得到了广泛的传播，布封也因此名声大震。

既然太阳系不可能是彗星“撞”出来的，那么会不会是由于宇宙中的其他天体撞击太阳产生的呢？在布封的理论被推翻之后，有不少科学家提出了其他天体撞击太阳的设想。它们有的认为是一颗甚至两颗恒星撞击太阳，撞出来的物质慢慢形成了太阳系的行星；有的认为恒星虽然没有撞上太阳但与太阳“不期而遇”靠得很近，这样强大的引力使太阳和那位“不速之客”恒星内部的物质被“拽”了出来，形成了太阳系的行星。总之，这些科学家和布封一样，都认为我们的太阳系产生于一场“宇宙车祸”。所以，后来科学家们把这类学说统统叫作“灾变说”。

“灾变说”看起来非常有道理，但是现代科学研究证明：在茫茫宇宙中，两颗恒星相遇的机会非常少，几乎要1 000万亿年才能发生一次，而科学家们一般都认为宇宙诞生至今也只有150亿年左右。所以，所谓的“宇宙车祸”几乎不可能发生。慢慢地，相信“灾变说”的人也就愈来愈少。

太阳撑起“大网”“捕鱼”——俘获说

前苏联科学家施米特对太阳系的形成原因也做了深入的研究。1944年，他提出了自己的看法。他认为，太阳与恒星相遇几乎是不可能的，但是由于星云的体积巨大，所以太阳与星云相遇还是有可能的。大约在几十亿年前，太阳在银河系中与一个由气体分子和固体尘埃组成的星云不期而遇，从这个星云中“穿堂而过”。由于星云的体积巨大，太阳在星云中整整穿行了60多万年时间。太阳“钻进”星云的“肚子”里，就会对星云发生巨大影响。

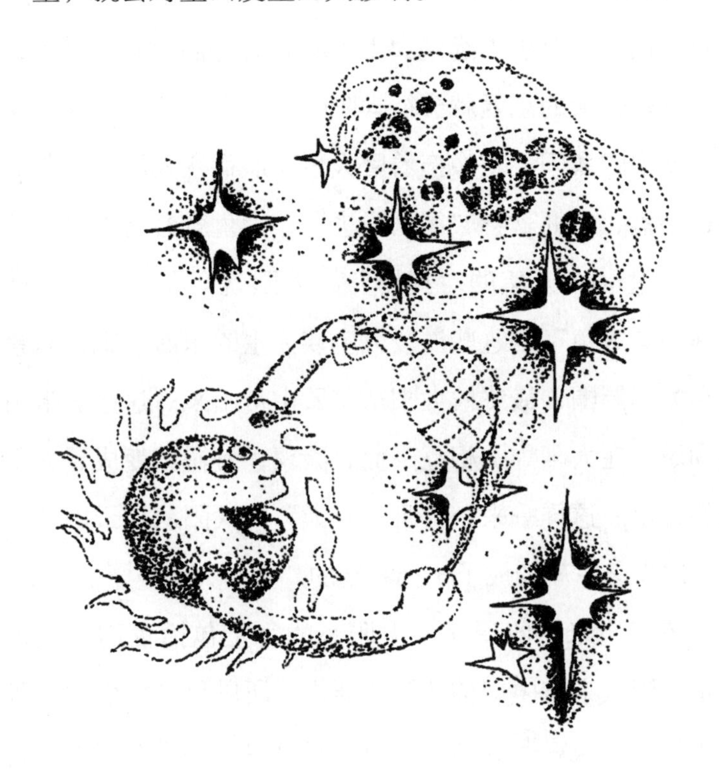

太阳系诞生“俘获说”

首先，由于光压的作用，太阳发出的强光会把星云细小的微粒“推开”。光压是什么东西？它怎么能够把星云中的细小物质推开呢？原来光照射在物体上之后，会对这个物体的表面产生压力，因为这种压力是由光产生的，所以科学家们就把这种压力叫作光压。光压非常微小，所以我们人类感觉不到。但是，对星云内部细小的微粒来讲，光产生的压力足以把它们赶跑。

其次，对于星云内部个头儿较大的东西来讲，因为太阳对它们的万有引力远远大于太阳光对它们产生的光压，所以，这些较大的东西就会被太阳吸引过来。这样一来，穿行在星云中的太阳，就像拖着巨大鱼网航行在大海中捕鱼的渔船，小鱼、小虾就会“漏网脱逃”，大鱼就会落入网中被捕获。经过60多万年的“捕捞”，太阳就会在星云中“捞”到许多“大鱼”，这些以较大尘埃为主的东西，就会紧紧围绕在太阳周围，最终被太阳从星云中带出来。这些被带出来的物质，在太阳周围相互碰撞、凝聚，慢慢就变成了太阳周围的行星。这样一来，单身“一人”的太阳从星云中穿堂而过，出来之后就变成了子孙满堂的“大户人家”了。

按照施米特的说法，太阳系的行星包括我们的地球，都是太阳从宇宙中“捕获”的俘虏，所以科学家们把这种说法叫作“俘获说”。“俘获说”对行星的形成有其独到的见解，一度受到许多科学家的认同。

但是，俘获说也有其先天的不足。首先，俘获说与灾变说一样，也存在太阳与星云相遇的概率问题。虽然太阳与星云相遇的几率要比太阳与其他恒星相遇的概率要大得多，但是太阳从星云中穿堂而过的机遇仍然是很少的。使俘获说更难以立足的问题是，银河系中的星云多数都运行在银河系的银盘上，照理说由星云物质形成的行星，它们的运行轨道也应在银盘附近。但实际情况却不是这样，太阳系中行星的运行轨道根本不在银盘面上，而是在黄道面附近，与银盘面形成了一个很大的夹角。因为这些原因，到了20世纪50年代，连施米特本人也承认，俘获说的依据不充分，太阳几乎没有可能从星云中“捕获”到“俘虏”。

“造出来”的宇宙——古典星云说

18世纪40年代，正当各种灾变说盛行的时候，法国一位年轻的哲学家康德，对太阳系的形成提出了与其他人完全不同的假说。他认为，太阳系内所有天体，都是由同一星云内的物质逐步演变而成的。星云内部主要是固体的尘埃，由于万有引力的作用，这些固体尘埃中较大的颗粒就会把小的颗粒吸引过来变成更大的颗粒，颗粒越来越大慢慢就会形成团块，这些团块相互碰撞吸引就会变成更大的团块。这样星云中心的团块最后就凝聚成太阳；太阳形成以后，外面的团块慢慢就形成了行星；而围绕在行星周围的团块就形成了行星的卫星。在这个假说中，康德第一次打破了恒星没有出生、没有死亡的传统认识，第一次大胆提出太阳作为一颗恒星是由星云变化而来的，而不是从来就有的。他还在一本书中大胆地说：“给我物质，我就会用它造出一个宇宙来！”在18世纪能够提出这样的假说是很了不起的。

就在康德提出他的假说40年之后，法国的一位科学家拉普拉斯，在事先不知道康德假说的情况下，提出了与康德基本相同的假说。他认为，一团炽热庞大的气体星云，由于温度下降而逐渐收缩，自转逐渐加快，在万有引力与离心力的共同作用下，星云逐渐变成一个扁平的圆盘，圆盘的中心物质密度增大逐渐形成原始的太阳；圆盘周围的物质，当离心力与引力大小平衡的时候就不再收缩，而是开始围绕太阳运转，就形成了围绕太阳的一个个圆环。这样，中心的物质慢慢演化成太阳，圆环上的物质也会逐步凝聚，最后每一个圆环都演化成一颗行星。拉普拉斯还进行了大量的计算，成功地解释了太阳系的许多现象。所以，当时许多科学家认为，拉普拉斯的理论是无懈可击的，甚至有人认为，太阳系的来源问题已经解决了，再也不是什么科学之谜了。

虽然现在看来康德和拉普拉斯的星云假说还存在许多问题，但是，他们的学说对探索太阳系形成之谜，起到了巨大的推动作用。后来，人们为了纪念这两位科学家就把他们的学说叫作“康德—拉普拉斯星云说”，也叫“古典星云说”。

使康德和拉普拉斯“翻船”的角动量

“康德—拉普拉斯星云说，”一度解决了太阳系形成的许多问题，但受当时对太阳系认识的局限，不可能是无懈可击的。19世纪一系列新的发现，对“康德—拉普拉斯星云说”提出了挑战。其中，最难解释的问题就是太阳的角动量问题。“角动量”这个“可恶的东西”差一点儿使康德和拉普拉斯的学说翻了大船。

凡是旋转的东西都具有一种能量，比如高速旋转的车轮、陀螺等。不相信吗？做个实验看：

小实验：把自行车的后轮支起来，使其悬空，用力摇车蹬，使后轮高速转动，用铅笔或小木棍慢慢碰车轮，你就会感觉到，车轮对铅笔或小木棍有很大的作用力。这就说明转动的车轮具有能量。

快速转动的轮胎可产生角动量

这种旋转的物体具有的能量就叫角动量。角动量的大小与物体的质量、转动的速度以及旋转的半径有关。当角动量一定，物体的质量也不变的时候，物体的半径越大，它转动的速度越慢；反之，物体的半径越小，它转动的速度就越快。花样滑冰运动员在做旋转动作的时候，一般都是先伸开两臂，等旋转起来之后，再把两臂收回，抱在胸前，这时运动员的旋转速度就会明显加快。花样滑冰运动员利用的就是角动量原理。

回过头来我们再看看太阳系。如果太阳是星云收缩而来的，收缩前的那些物质的角动量在太空中不会消失，都会被太阳“继承”下来。由巨大的星云收缩成太阳，半径不知小了多少倍，那么太阳自转的速度应当非常快，但实际观察结果却不是这样。另外，在太阳系中太阳的质量占了差不多99.9%，照理说太阳的角动量也应大体占这么大的比例。但实际计算结果却不是这样，太阳角动量只占整个太阳系角动量的0.582%，大部分角动量让总质量很小的行星占了。这个问题古典星云说始终不能解决，所以，到19世纪末，古典星云说逐渐走上了绝境。

太阳系到底是怎么形成的

20世纪50年代，随着观测和研究技术的提高，人类对太阳系了解越来越深刻，同时对太阳系的起源也有了新的认识，科学家们逐渐在一些问题上达成了共识。

科学家们普遍认为太阳系的年龄是46亿～50亿年，行星、卫星和其他小天体大约形成于距今46亿年左右。

吸收古典星云说精髓，科学家们多数承认太阳系是由星云演变而来的。对于太阳角动量的问题，科学家们认为，宇宙天体都具有磁场，形成太阳系的星云也不例外。由于在太阳形成初期，它周围的大部分物质都处于电离状态，是一种带电的东西，这种带电的东西就会受到原始太阳强大磁场的影响，这样太阳通过磁场就把自己一部分角动量传给了周围的行星。同时，在太阳形成的早期，太阳表面活动剧烈，向外抛射出大量的带电粒子，这些带电粒子会带走太阳大量的角动量。这两种作用就使太阳角动量大大减小。这样，使古典星云说翻船的问题得到了圆满解决，古典星云说获得了新生。所以，科学家们又把这种新理论称作“现代星云说”。

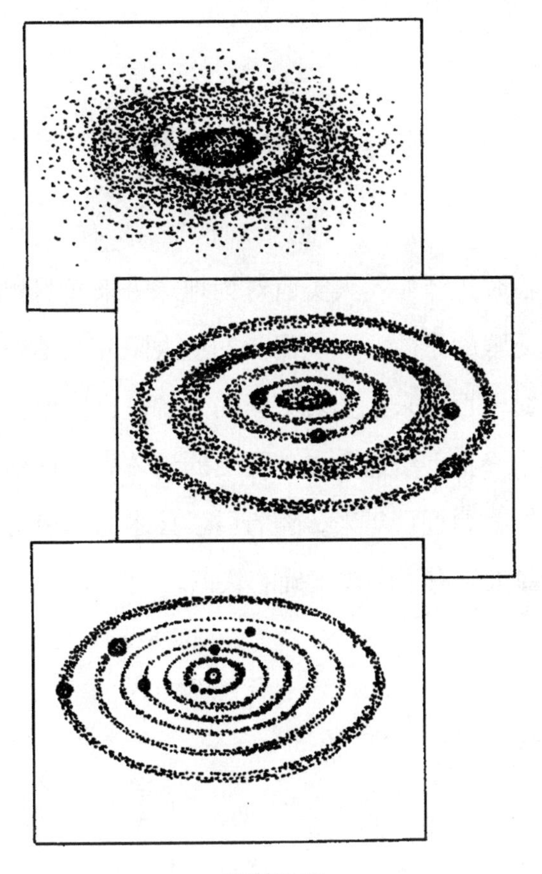

现代星云说

现代星云说比较圆满地解释了太阳系起源的许多问题，受到了多数科学家的认可。但是，要彻底解决这个问题，还需要人们做许多工作。

二、太阳家族的主宰——太阳

从远古时代开始，人类就对为地球带来光明和温暖的太阳充满了无限的崇敬，人类渴望知道太阳究竟是一个什么东西。但是，千百年来人类对太阳的了解一直停留在神话和盲目崇拜的水平上，给这个光芒万丈的天体凭空增添了许多神秘的色彩。直到近百年来，随着科学技术的高速发展，人类才渐渐地对太阳有了比较正确的认识。

●（一）初识太阳

我们认识一个新朋友，总是首先对他外表的基本情况，比如长相、身高、胖瘦等有一个大致了解，然后才能慢慢深入了解其他情况。太阳也是我们“新”认识的朋友，那就先让我们了解一下它的基本情况吧！

太阳的个儿头

太阳看起来并不大

我们从地球上看太阳，似乎感觉地球的和月亮的大小差不多，其实这是一种错觉。因为太阳到地球的平均距离，大约是1.5亿千米，而月亮到地球的距离只有38万千米，太阳到地球的距离差不多是月亮到地球距离的400倍。所以，我们看上去好像月亮和太阳的大小差不多。原来我们人类的眼睛有一个“毛病”，就是看远处的东西觉得小，而看近处的东西感觉大。比如在天空飞行的飞机，我们在地面上看上去感觉它和一只鸽子的大小差不多，实际上飞机比鸽子不知大多少倍，只是因为飞机距离我们太远所以感觉它很小。我们在地球上看太阳和月亮也是这个道理。实际上月亮要比太阳小得多，只是因为太阳距离我们较远，而月亮离我们较近，所以看上去它们的大小似乎差不多。

经过科学家们的认真测量，现在已经弄清楚，太阳的半径大约是695 980千米，是地球半径的109倍，而太阳的体积则大约是130万倍。假如太阳是个空心球的话，它那巨大的肚子里，可以装下130万个地球。太阳的“个头儿”真是太大了。不过，应该说明的是，在我们看来如此巨大的太阳，只不过是恒星世界当中普普通通的一员而已。有的恒星比它大几十倍、几百倍，甚至几千倍，要是把太阳和它们放在一起相比，我们的太阳只不过是一位毫不起眼的“小个子”而已。

太阳的质量

太阳如此巨大，我们绝对没有办法像日常生活中称东西一样，称量太阳的“质量”。那么，怎么才能知道太阳的质量呢？科学家们自有妙法。

我们已经知道，任何东西绕圆周运动的时候都会产生一种离心力，要想让一件东西做圆周运动，就必须有与离心力相平衡的一种拉力把它“拽住”，否则它就会飞出去。我们也知道，地球在绕着太阳转，它肯定有离心力。太阳和地球之间没有绳子连着，那么太阳是用什么“神力”紧紧地把地球“拽住”，使它不至于“逃跑”呢？这种“神力”就是万有引力。

太阳的质量

万有引力的大小与两个物体的质量总和有关系，两个物体的质量加起来越大，引力也越大；万有引力还与两个物体之间的距离有关系，距离越大，引力越小。太阳就是靠万有引力，让地球老老实实地围着它转的。只要知道地球与太阳之间的距离，知道地球绕太阳转一圈儿所用的时间，我们就可以计算出它们之间的引力；知道了引力，我们就可以进一步计算出太阳和地球加起来的质量之和是多少。对我们人类来讲，地球好像很大，但与太阳相比，地球太微不足道了，简直就是一粒芝麻和一个西瓜，质量完全可以忽略不计。这样，我们计算出来的地球和太阳的质量之和，可以认为就是太阳的质量。

根据万有引力，科学家们计算出太阳的质量大约是2 000亿亿亿吨，差不多是地球质量的33万倍。太阳产生的引力大约是28倍；一个在地球上重50千克的人，如果站在太阳上，他的体重就变成了1 400千克。太阳正是依靠着巨大的质量，以强大的引力控制着太阳系家族的每个成员，把它们紧紧地“控制”在自己的身边的。

太阳是什么东西“做成”的

我们吃的冰激凌是鸡蛋、牛奶做成的，馒头是白面做的，窝窝头则是玉米面做的。那么，太阳是什么“做成”的呢？换句话说，太阳的内部是一些什么东西呢？这个问题在以前是没有办法解决的。因为太阳离我们这么遥远，我们没有办法从太阳上面取“一块儿”东西下来进行化验。后来经过研究，科学家们发现，我们用不着从太阳上去取东西下来，而是只要通过照射到我们地球上的太阳光的光谱就可以知道太阳里有什么物质。

什么是光谱呢？我们知道，太阳和其他恒星都能发光。我们也知道，光是一种人的眼睛可以看见的电磁波。频率和波长不一样，光也就不一样。那么，一颗恒星是不是能发出各种各样的光呢？不是的。科学家们经过研究发现：每颗恒星总是固定地向外发射几种频率和波长的光。如果用三棱镜把这些光分开，就会形成一个个明暗相间的条纹，很像商店里商品上贴的条形码。这种恒星的“条形码”就叫“恒星光谱”。就像商店里每种商品都有自己的条形码一样，每类恒星也都有自己固定的光谱。太阳也有自己特定的光谱。进一步研究发现，太阳的光谱与它内部的物质有直接的联系，这些物质都有自己固定的光谱。

太阳的光谱

太阳中到底有哪些东西？每种东西又各占多少呢？这些都可以通过太阳的“条形码”——光谱,找到答案。经过大量的测量观察和对太阳光谱进行分析研究，科学家们发现太阳里面并没有什么稀奇古怪的东西，绝大部分是普普通通的氢，大约占71%；其次是氦，约占27%。这两种物质加在一起占了98%还多，其他的东西仅占不到2%。所以我们可以这样说，太阳实际上主要是由氢和氦组成的巨大的气体球。

太阳有多"热"

夏季在炎炎烈日下，人们都会汗流浃背、酷热难耐，在太阳的暴晒下，大地会变得滚烫。离得这么遥远，太阳仍然可以使地球变得这么炎热，那么太阳本身有多"热"呢？

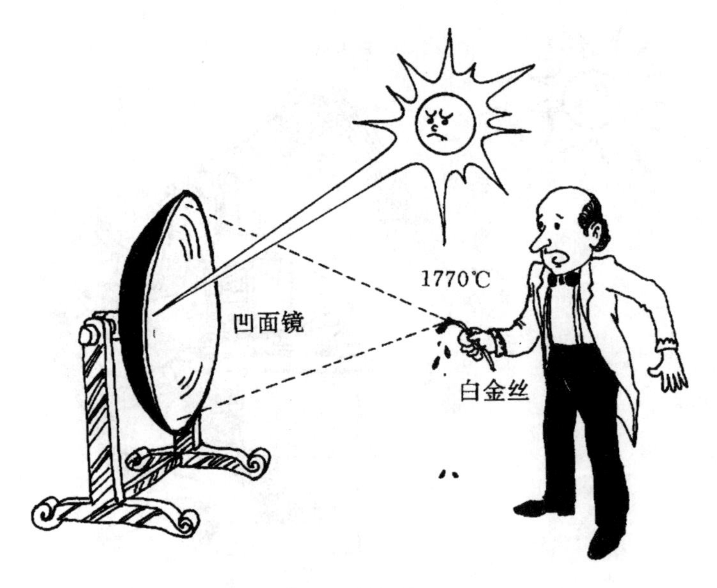

经过聚焦的阳光可熔化白金丝

18世纪有一位科学家，想弄清光芒万丈的太阳温度究竟有多高。他做了一个直径为1米的大凹面镜，用这面凹面镜把太阳光集中在几米外的一点儿上，当他把熔点为1 770摄氏度的白金丝慢慢伸向光点时，发现这种高熔点的金属，很快就被熔化了。这位科学家惊奇地宣称：太阳的温度最少也在1 770摄氏度以上。后来，人们通过更精密的仪器测量，发现当时这个十分引人瞩目的结论，远远没有反映出太阳的真实温度。此后又经过近百年的努力，人们才终于知道，太阳这个炽热的天体，表面温度大约为6 000多摄氏度。要知道，炼钢炉内的温度也只有1 700多摄氏度，太阳表面的温度要比炼钢炉内的温度高出3倍多。太阳内部的温度就更高了，科学家们估计大约有2 000万摄氏度。

那么，2 000万摄氏度是多高的温度呢？有人做过这样的比喻：一个2 000万摄氏度针尖大小的一个东西落在地上，就足以把它周围方圆2 000千米以内的东西全部烧为灰烬。太阳的温度真是太高了！

●（二）巨大的能源宝库

不可想象的热能

我们都知道，地球上的能量绝大部分来源于太阳的热能。万物生长、暴雨倾盆、洪水泛滥、肆虐的台风等这些使人感到巨大无比的变化和灾难，都是由太阳的热能来“推动”的。但是，这些巨大的能量与太阳向外辐射的能量相比，简直就是微不足道。科学家们经过缜密的计算认为，我们地球得到的太阳能量，仅占太阳总能量的二十二亿分之一，乍一看这个份额真是太小了！但是，这二十二亿分之一，就相当于太阳每年无私地送给地球100亿亿度电，这比目前全世界发电总量还要大几十万倍！仅在我国的领土上，一年得到的太阳能量就相当于1亿亿度电。

太阳向外辐射的热能大得不可思议。打个比方讲，我们都知道原子弹的威力十分巨大，氢弹的威力比原子弹还要大得多，而太阳向外辐射的热能相当于每秒钟同时爆炸910亿颗100万吨级的氢弹！太阳的能量真是太大了！几十亿年来，太阳就是这样不断地向外“输送”着巨大的能量，成为太阳系大家族中光和热的源泉。

太阳能发电

太阳的能量是从哪里来的

太阳长时间向外发射如此巨大的光和热，那么，这些光和热的能量是从哪里来的呢？人们首先想到的是燃烧。假如太阳通过燃烧煤炭向外发出光和热的话，那么因为太阳里面的东西是固定的，没有外界为它补充，最多只能维持几千年。就像我们家里的煤炉一样，如果不往里加煤，用不了多长时间，煤炉自己就会熄灭。所以，如果靠燃烧煤炭向外发光发热的话，我们的太阳早就熄灭了。燃烧其他任何东西也一样，都不可能满足太阳向外发出如此巨大的光和热的需要。然而，我们的太阳几十亿年来一直向外发光发热。所以，太阳决不是靠燃烧向外发射能量的。

太阳巨大的能源来自内部氢的聚变

既然太阳不可能依靠燃烧向外发射能量，科学家们又设想：恒星是不是通过自身的收缩放出能量向外发光发热的呢？因为不断收缩的气体会发热。由此，科学家们设想，太阳的能量或许是通过太阳气体的收缩产生出来的。经过研究，科学家们认为，太阳如果通过压缩自己本身的物质的确能释放出大量的能量，发出巨大的光和热。但是，这样一来太阳的半径就会不断缩小。另外，即使这样如果仅仅靠自身的收缩来维持发光发热的话，太阳也只能维持几千万年左右，与太阳几十亿年的年龄相比还相差很远呢。所以，太阳肯定不是依靠收缩向外发光发热的。

20世纪初，科学家们发现，物质的原子也是可以改变的。大的原子可以分开形成小的原子，这就叫原子的裂变；小的原子也可以聚集在一起形成大的原子，这就叫原子的聚变。裂变和聚变都会释放出巨大的能量，这种能量就是原子能。因为原子的聚变、裂变主要是原子核的变化，所以原子能也叫核能。利用原子能原理，人们制造了原子弹、氢弹，建造了核电站。实际上，原子弹和目前的核电站利用的都是铀原子裂变的能量；氢弹利用的是氢原子聚变的能量。

原子能的发现使科学家们深受启发。后来经过大量的观测研究，科学家们断定，太阳的能源来源于原子能，是太阳内部的氢发生聚变的结果。太阳就是挂在天上一个正在发生聚变反应的巨大的“氢弹”。

经过计算，科学家们认为，太阳发出这些能量，每秒钟大概需要消耗400多万吨氢。这个数字虽然很大，但是太阳的质量更大，足足有2 000亿亿亿吨，并且绝大部分物质是氢。所以，科学家们预计，太阳上的氢还可以供它燃烧50亿年。

有人可能担心，50亿年以后太阳熄灭了，我们地球上的人类怎么办呢？现在担心50亿年以后的事情实在有点儿杞人忧天，为时过早。不过，我们可以设想，到那个时候，高度智慧化的人类不会束手无策，肯定会想出办法来。也许等不到太阳熄灭，人类就会离开地球，到更适合人类居住的星球上去了；也可能“驾驶”着地球，离开太阳去找比太阳更好的恒星作我们地球新的“太阳”去了！

●（三）把太阳“打开”看看

前面我们了解了太阳的基本情况和它巨大的能量。那么，太阳的内部是什么样子的呢？让我们把太阳一层一层“打开”看看吧。

太阳的“脸面”——光球

我们先来看看最“显眼”的“光球”。所谓光球就是我们平常看到的明亮耀眼的太阳圆面。光球这个名字是18世纪一位科学家起的，意思是“发光的球”。我们说太阳的大小就是指光球的大小。光球实际上是位于太阳大气低层的一层炽热气体。这层气体厚度大约有500千米，它的温度大约有6 000摄氏度，太阳大部分的光和热都是由光球发射出来的。

太阳的这层大气非常稀薄，密度只有水的几亿分之一，照理说它应当是透明的，但事实却不是这样，明亮的光球挡住了我们的视线，使我们很难直接看到太阳内部的情况。科学家们解释说，几厘米厚的稀薄气体宛如一层轻纱一样透明，但几百千米厚的气体，就会像成千上万层轻纱摞在一起一样，不会再透明了。

光球上的“米粒”

太阳光球表面上的“米粒”

用肉眼看上去，太阳光洁无瑕。可是如果我们用望远镜仔细观察太阳，太阳光球的表面密密麻麻布满了许多颗粒状的东西，有点儿像撒在太阳圆盘上的珍珠，而在专门拍摄的照片上，这些“珍珠”又非常像一粒粒大米。所以，科学家形象地把它们称为“光球米粒组织”。千万注意，不管是用肉眼，还是用望远镜观察太阳，都要加上一层黑色的保护镜片，不然的话，强烈的太阳光就会把我们的眼睛灼伤。

把它们称作“米粒”实在是有些“难为”它们，因为这些“米粒”实在大得惊人。有的直径达1 200千米，面积比我国的青海省还要大，最小的直径也有300多千米。这些米粒，在太阳光球的表面，此起彼伏，闪闪发光。有趣的是它们的寿命很短，只有几分钟。它们不断出现，又不断消失，形状和位置不断变化着，从望远镜中观察，我们很难分清它们谁是谁，看到的只是一片翻腾的“米粒”。

太阳上这些米粒是什么东西呢？对此科学家们有过许多解释。一般认为它是由太阳内部上升到光球表面的炽热气流，因为它们的温度要比周围高300摄氏度左右，所以从地球看上去它们就会成为光球表面的一块亮斑。这些气流冷却之后，很快就沉了下去，新的热流又会冲上来，形成新的“米粒”。这种上下翻腾的现象，说明太阳光球表面相对较冷，而内部温度高，内外不断地进行冷热对流，“米粒”就是由于冷热对流产生的。

太阳中的“乌鸦”——太阳黑子

在太阳光球的表面，除了“米粒”组织之外，有时还会出现黑色的暗斑，这些暗斑就是太阳黑子。

早在汉代，我国就有了关于太阳黑子的记载。在古代，我们的祖先，曾把太阳称作“金乌”，意思是金色的太阳里面有一只黑色的乌鸦。这实际上是对太阳黑子的形象描述。

观察太阳黑子

那么，为什么明亮的太阳表面会有“暗斑”，太阳黑子是什么东西呢？经过长期的观测研究，科学家们认为，所谓太阳黑子，实际上是太阳光球表面灼热翻滚的气流掀起的一个个巨大的旋涡。太阳黑子是不是真的非常黑暗呢？其实根本不是，太阳黑子实际上比炼钢厂里沸腾的钢水还要明亮得多。那么，为什么我们看上去它们是黑的呢？这是因为太阳黑子相对于周围其他地方的温度要低1 500摄氏度左右，在明亮的光球背景的衬托下，显得黑暗一些罢了。

黑子的大小、形状以及它们在光球上的位置都在不断变化。一开始，黑子的雏形会从米粒组织之间的“缝隙”中“长”出来，小黑子不断增大，慢慢就会长成大黑子，大黑子继续成长，当长大到一定“个头”后，就会停止生长，然后开始慢慢变小，最后消失。有意思的是，太阳黑子很少“单独活动”，经常是成群结队地出现，科学家们称之为“黑子群”。当一个黑子群长到最大时，直径长达几十万千米，面积相当于几十个，甚至上百个地球总面积那么大。太阳黑子的寿命差距很大，最短的仅有几个小时，最长的可达一年以上，它们的平均寿命是几个月。

经过长期的研究，科学家们还发现，太阳黑子的数目是变化的。有时，太阳黑子像人脸上的雀斑一样，密密麻麻，成群结队；有时一连几个星期甚至几个月，太阳的光球上光光的，一个黑子也看不见。更奇怪的是，太阳黑子活动似乎有一定的周期性。太阳黑子的数目由多到少，再由少到多的周期大约是11年。但这个周期不十分准确，所以，至今有些科学家对太阳黑子的活动周期仍持怀疑态度。

太阳黑子是太阳活动的重要标志，它对研究太阳的活动、变化，以及影响具有很大的意义。如果你感兴趣的话，可以用一个简便易行的办法，试着观察一下太阳黑子。

小实验：观察太阳黑子。在脸盆里面盛多半盆清水，然后在盆里滴入少许墨汁，使水变黑。把盛有黑水的脸盆置于太阳光底下，然后认真观察脸盆里面太阳的影像。如果这时有太阳黑子活动的话，仔细观察，就可以看到太阳上有一些暗斑，这就是太阳黑子。这种方法就是我国古代发明的“盆油观日斑”的太阳黑子观察方法。

套在太阳身上的“玫瑰花环”——色球

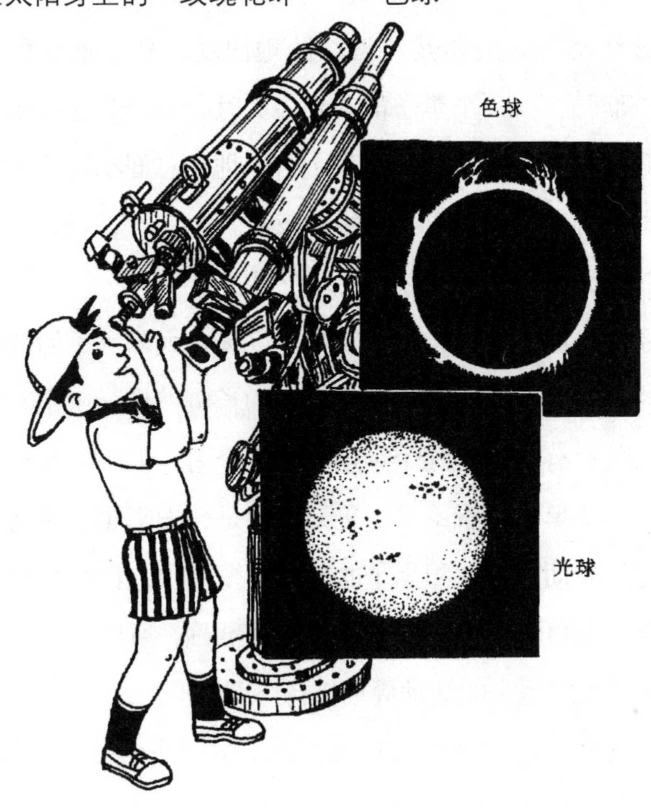

太阳光球和色球

光球再往外就是太阳的色球。所谓色球实际上就是太阳光球外面的一层大气，它的平均厚度有1万千米到2万千米，它的密度比光球还要稀薄得多，几乎是透明的。色球的温度比光球高得多，大约有10 000摄氏度。虽然它有这么高的温度，但因为它发出的光多数是我们人类看不到的光，所以平时我们用肉眼很难看到它，只有在发生日全食的时候，或借助专门的色球望远镜才能一览它的芳容。

当发生日全食的时候或利用色球望远镜，我们就可以看到，在太阳的外面有一圈儿玫瑰红色的圆环套在太阳的周围，非常艳丽。这个圆环就是色球，色球的名字就是由此得来的。

太阳上的“草原火灾”

太阳表面的色球不是一个整齐的圆环，而是遍布着无数明亮的火舌，就像在太阳上发生了一场巨大的草原火灾，到处是一片熊熊燃烧的漫天大火。因此，有人形象地把色球叫作“燃烧的草原”。在这“燃烧的草原”上，升起一束束细高闪亮的火柱，看上去就像一根根针插在上面，科学家们把它叫作“针状物”。它们大小不一，有的宽达1 000多千米，高达几千千米。它们在色球上不断产生又不断消失，使色球更加显得壮美异常。

太阳的“耳朵”——日珥

在色球上，除了针状物之外，还有更壮观的东西，这就是日珥。在玫瑰色的色球周围，你可以看到许多巨大的火焰

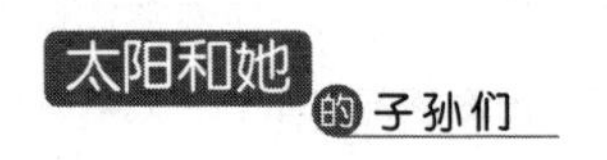

“喷泉”，它们有的像流烟，有的像云朵，有的像大树，有的像龙卷风，奇形怪状，喷射而起，这就是日珥。日珥实际上是太阳表面喷射出的高温气体柱。这些气体柱往往高达几十万千米，由此使人进一步领略到太阳巨大的威力。

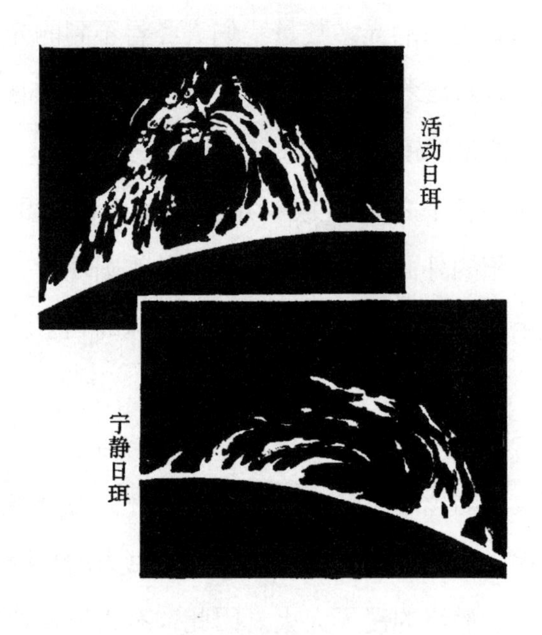

日珥

太阳的“帽子”——日冕

色球以外的太阳大气，也就是太阳最外层的大气，被称为“日冕”，意思是太阳的帽子。这顶“帽子”的个头儿可真够大的了！

不过日冕却非常稀薄，其密度只有地球大气的一万亿分之一。平常情况下我们是看不到日冕的，用色球望远镜也看不到日冕，只有当日全食发生的时候，我们才能一览它的风采。日全食发生的时候，在太阳黑色圆轮的周围闪耀着一片银白色的光辉，一直延伸到几个太阳直径那么远的地方，这就是日冕。这时的太阳好像戴上了一顶银白色的帽了，日冕这个名字很形象吧！

太阳黑子活动极大期

太阳黑子活动极小期

日冕

日冕有骇人听闻的高温，它比光球、色球的温度高得多。我们知道，光球的温度是6 000摄氏度左右，色球的温度是10 000摄氏度左右，而日冕的温度要比它们高出100多万倍，高达100万摄氏度。

为什么位于太阳大气外层的日冕，反而比内层的光球、色球的温度高这么多呢？这个使许多科学家迷惑不解的问题，至今还处于探索的阶段，没有统一的说法。

从太阳上刮来的“风”——太阳风

在极高的温度下，日冕中的物质已经不能以原子的形式存在，而是全部被电离成带电的粒子，这些带电粒子以极高的速度“疯狂”地运动着。虽然太阳强大的引力仍然控制着它们，但仍有一部分粒子像脱缰的野马，挣脱了太阳的束缚，逃了出来，好像从太阳上刮出了一阵风，飞向星际空间。这些脱离太阳的高速粒子流，就是太阳风。人造地球卫星的测量数据表明，太阳风的平均速度是每秒400千米，最快的可以达到每秒770千米，从太阳到地球1.5亿千米的距离，它们用五六天就跑到了。太阳风不仅能够“吹”到地球，而且可以“吹”到遥远的冥王星。整个太阳系中都可以找到它的踪影。太阳风对地球及其他行星的磁场都有很大的影响。

“惊天动地的爆炸”——太阳耀斑

太阳最为惊心动魄的活动就是太阳耀斑。所谓太阳耀斑，是指在太阳的色球层上突然出现一个亮斑，在几分钟甚至几秒钟内，面积迅速增大，亮度迅速增加，然后缓慢地减弱，最后消失。耀斑产生时，在太阳表面不大的区域会释放出相当于100亿个氢弹同时爆炸的能量，发射出很强的无线电波、X射线、γ射线，还会发射出速度极高的质子、中子、电子等粒子，这些粒子的速度可以达到光速的三分之一，甚至二分之一。太阳耀斑发射出来的粒子，只要10～30分钟就能够到达地球。

太阳耀斑

是什么原因使太阳发这么大“脾气”呢？过去一直认为是太阳色球的局部爆发，所以，也把太阳耀斑称为“色球爆发”。新的观测资料表明，耀斑绝不是色球“自己”的事情，事实上色球自己根本没有这么大的“本领”。太阳耀斑活动涉及光球、色球和日冕，它的能量很可能来源于太阳更深的内部。

太阳“感冒”地球“咳嗽”——耀斑的影响

太阳耀斑的影响非常大。首先，耀斑发射出的高速粒子流，无处不“钻”，具有很强的穿透性。对于人造卫星、宇宙飞船影响很大，严重时会使宇航员和仪器设备受到伤害。

太阳耀斑对短波的影响

更严重的是，耀斑发出的各种射线会严重干扰地球外部的电离层。我们知道，无线电波短波是依靠地球外部电离层的反射来传播信号的。当电离层受到太阳耀斑的干扰后，会严重影响无线电信号的传播，甚至使通信中断。1956年2月23

日，我国中央人民广播电台的短波广播突然中断了36分钟，此时，电台仍在正常播音，但全国各地的收音机都收不到中央台的短波广播。在这同一时间，英国一支正在格陵兰进行军事演习的潜水艇部队，突然失去了与指挥部的无线电通信联系，士兵们以为潜水艇出了故障，正在手足无措的时候，无线电通信突然自动恢复了。事后才知道，原来太阳发生了一次猛烈的耀斑，通信中断的“事故”是太阳耀斑捣的鬼。

此外，科学家们的研究还证明，地球上的许多自然现象与太阳耀斑有关。气候变化、灾害性气候的出现、树木的生长速度都与太阳耀斑有“割不断，理还乱”的联系。科学家们正在加强这方面的研究。

太阳“肚子”里有什么东西

前面我们介绍的光球、色球、日冕，实际上都是太阳大气层的情况，它们实际上是太阳大气层的三个不同层次。因为光球耀眼的光芒挡住了我们的视线，我们不可能直接了解太阳内部的情况，只能通过间接的方法和科学的推测来了解。

太阳的核心是太阳的核反应区。这里的温度极高，将近2 000万摄氏度；压力极大，比地球上的大气压要大2 500亿倍。太阳的原子反应就是在核反应区进行的。这里实际上是太阳的“核电站”，太阳99%的能量从这里产生。

核反应区向外叫辐射区。在辐射区，太阳核心产生的大量能量通过辐射的形式向外传播。

辐射区再向外叫作对流区。对流区的气态呈沸腾的状态。由辐射区传递来的能量，经过对流区通过气体的对流传到外面。对流区的外面就是太阳的光球。光球上的米粒组织，实际上是对流区气体对流的反应。

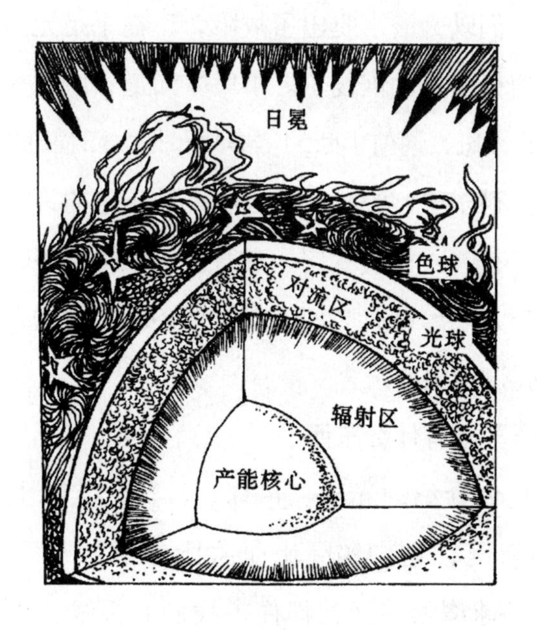

太阳的结构

●（四）太阳之谜

从遥远的古代，人们就开始了对太阳的探索和研究，特别是近百年来，随着科学技术的不断进步，人类对太阳的了解越来越深入。但是，应当承认，直至今天人类对太阳的了解仍然是非常有限的，还有许多未解之谜困惑着我们，真正对这个距离我们最近的恒星进行全面准确的了解，仍然有很长的、艰险崎岖的路要走。

“喝醉酒”的太阳——太阳自转之谜

太阳的自转之谜

太阳也在自转。首先发现太阳自转的是制造出第一架天文望远镜的伽利略。他在用望远镜观察太阳黑子时，发现太阳黑子的位置每天都在变化，由此断定太阳和地球一样也在自转。几百年来，人们对太阳的自转进行了许多观测研究，除了继续利用太阳黑子测定太阳的自转外，还采取光谱对太阳自转进行研究。但问题也由此产生了，人们发现利用太阳黑子和光谱分别测定的太阳自转周期不一样。为什么会这样呢？人们还没有确切的答案。更重要的是，太阳的自转并不像地球那么稳定，而是像喝多了酒的醉汉一样忽快忽慢，似乎每天都有变化，为什么有这样的变化，也是有待人们去解答的问题。

太阳上也闹“地震”——“日震”之谜

地球上有地震，月球上有月震，有趣的是太阳上也闹“地震”，科学家们把它叫作“日震”。太阳表面的气体，快速上升后又落下来，像心脏一样一胀一缩地跳动。振荡一会儿，好像人累了喘口气休息一会儿似的，稳定一段时间又接着振荡。这种振荡平均5分钟一次，所以科学家们又把它叫作“5分钟振荡”。此外，更加有趣的是，太阳庞大的“身体”，像一只反复充气、放气的气球一样，每隔76年就会变大、变小一次。这种现象科学家们称作“太阳颤抖”。太阳的振荡是怎么产生的？各种振荡之间是什么关系？这又是一些未解的谜团。

谁惹太阳“发脾气”——耀斑之谜

太阳耀斑前面我们已经介绍过了，但是围绕着耀斑仍有一系列的谜团。如此巨大的能量是从哪里来的？在耀斑爆发之前这些能量储存在什么地方？是什么东西诱发太阳一下子释放出这么多能量？这许多问题都还没有确切的答案。

太阳的“破帽子”——冕洞之谜

太阳风对地球磁场的影响

前面我们介绍了日冕，有趣的是太阳这顶硕大无比的“帽子”，不是一个完整无缺的“好帽子”，上面有许许多多的“窟窿”。从日冕的X光照片上就会发现，日冕上有许多暗黑区，也就是黑“窟窿”，这些黑窟窿就是冕洞。从X光的角度看，冕洞的确是“空洞洞”的，穿过冕洞可以直接看到太阳的光球。特别有意思的是，太阳风是从冕洞里“吹”出来的。从冕洞里“吹”出来的太阳风，随着太阳的自转就会像探照灯一样，周期性地“扫”过地球，引起地球磁场的周期性变化。太阳为什么会有冕洞？冕洞与太阳活动有什么关系？总之，冕洞及日冕等所有这些问题，为我们提出了许多令人惊奇而又难以解释的现象。

三、太阳的贴身“儿女”——水星和金星

在太阳的“子女”中，水星和金星是距离太阳最近的两颗行星，它们的轨道都在我们地球轨道的里面。所以，科学家们又把它们叫作“地内行星”，意思是说，它们是运行在地球轨道内侧的行星。从地球上看，这两颗行星就像太阳的两个贴身儿女一样，不离母亲的左右，它们有时在太阳的东面，有时在太阳的西面，有时“挡在”太阳的前面，有时又躲到太阳的身后，和我们地球上的人捉着迷藏。

●（一）天上的“邮差”——水星

水星是太阳系九大行星中距离太阳最近的一颗行星。它与太阳的距离只有地球与太阳距离的三分之一多一点儿。因为离太阳太近，为了不被太阳强大的引力吸进“肚子”里，

水星就“拼命”快跑。所以水星的公转速度特别快，我们的地球绕太阳一周需要365天多，而水星每88天就能绕太阳“跑”一圈儿。所以，古代神话中把它看成天上的信使，也就是传递信息的邮差，邮差当然是跑得越快越好了。古代人还猜测，它跑得这么快，肯定身上长着一对有力的翅膀。因此，一直到今天，在天文学上表示水星的符号还画着一对凌空飞翔的小翅膀。

难觅芳容

水星距离太阳很近，所以这位能干的“邮差”好像有些怕羞，总是躲在太阳的周围忽隐忽现。当它躲到太阳背后的时候，我们看不到它；当它挡在太阳前面的时候，就会被强烈的太阳光淹没，我们也看不到它。只有当水星转到太阳的东面或西面的时候，我们才能在日落之后或日出之前看到它一会儿。所以，一年中我们难得见上它几面。当它处在太阳东面的时候，每天傍晚日落之后，水星会在西地平线上“露一会儿脸”，不一会儿，它就紧随着太阳落下山了；当它处在太阳西面的时候，每天早晨日出之前我们可以在东地平线上看到它，当太阳升起之后，强烈的阳光就又把它掩盖住了。假如能够观察水星的时候，正赶上阴天，那我们就只好等下一次了。

相传，波兰著名的天文学家哥白尼在临终的时候，两眼直瞪瞪地望着窗外。他的夫人问他：“您是放心不下您的著作的出版吗？”他摇了摇头。夫人又问：“是不是您还惦记着地内行星的位相没有得到证实？”他闭上双眼，用微弱的声音说：“我想看看水星。”研究了一生天文学的哥白尼，却始终没有看到过水星，以致抱憾离世。这个故事可能有些夸张，但却说明在地球上，想看见水星的确不容易。

天文学家也未能看到水星

“水手”造访“邮差”

为了弄清水星的真实面目，1973年11月4日，美国专门发射了“水手十号”行星探测器，对水星进行“访问”。1974年1月，“水手十号”从金星5 300千米上空掠过，拍摄了大量照片后直奔水星。1974年3月29日，“水手十号”第一次会见这位“邮差”，在相距703千米的地方，对水星进行了探测。以后又“召见”了两次，其中第三次“会面”，距离只有327千米，几乎是擦肩而过。三次“造访”，“水手十号”为水星拍摄了2 500张照片，进行了多项探测，掌握了许多空中“邮差”的秘密。

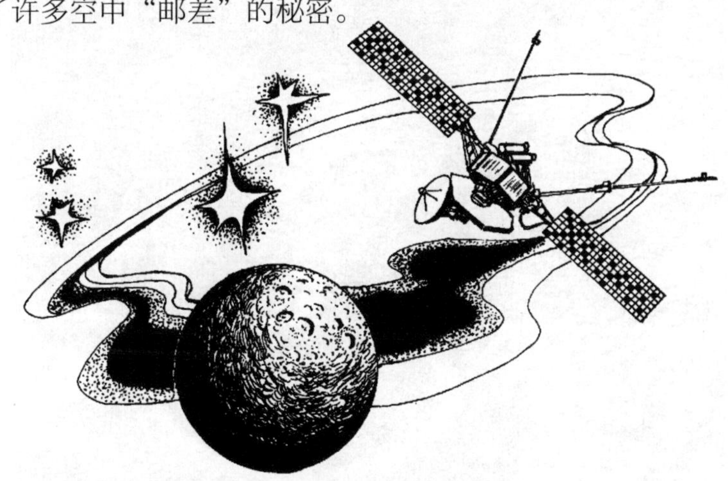

“水手十号”探测水星

“苗条”的“身材”

和地球相比，水星显得很“苗条”。水星的直径大约是4 878千米，只有地球直径的五分之二，体积只有二十分之一。就连太阳系中一些孙子辈的卫星，比如木卫三、土卫六都比它大。一架普通的喷气式飞机，绕水星一圈儿只需要十几个小时，与从中国北京飞一趟美国华盛顿所用时间差不多。20世纪70年代以前，人们一直认为水星是太阳系中最小的行星，直到1978年，科学家们计算出冥王星的直径后，才弄明白水星并不是太阳系中最小的行星，冥王星比水星还要小，它的直径差不多只有水星的一半。

水星上没有水

水星上并没有水

水星并不是它上面有水而得名的。在这个以“水”冠名的星球上，没有一滴水，它叫“水星”实在是徒有虚名。这个徒有虚名的星球，满目疮痍，十分荒凉，到处是坑坑洼洼的环行山。这些环行山可能是小行星等撞击的“杰作”。环行山之间，夹着一条条巨大的悬崖峭壁，有的竟高达3 000米，蜿蜒连绵几百千米，比我们地球上的悬崖要壮观得多。这些悬崖峭壁是怎么形成的，目前还不得而知。

真的“最热”又“最冷”吗

前面我们说过，水星围绕太阳公转周期是88天。过去人们一直认为，它的自转周期也是88天。如果是这样的话，水星向着太阳的一面就永远向着太阳，而背着太阳的一面就永远背着太阳。为什么行星自转周期与公转周期相同，就会出现这种状况呢？我们先做个简单的实验看看。

小实验：找一个乒乓球，在它的上面用钢笔涂一个点做记号。用手拿着乒乓球，让有记号的一面向着台灯，然后让乒乓球以台灯为中心，沿水平面慢慢转圆圈儿，同时让乒乓球以垂直方向为轴慢慢自转，注意让乒乓球绕台灯“公转”，同时也绕自己的“轴”“自转”一圈儿。仔细观察你就会发现，在这个试验过程中，乒乓球有记号的一面，始终向着台灯。

我们可以把上面实验中的台灯看作是太阳，而把乒乓球看作水星。这就说明，假如水星的自转周期与公转周期相同的话，它向阳的一面永远向阳，而它背着太阳的一面就永远见不到阳光。由此人们推断，水星向着太阳的一面，因为始终处在烈日的烘烤之下一定非常热，背着太阳的一面，因永远也见不到阳光，恐怕是太阳系中最冷的地方了。由此，水星得了个“最冷又最热的行星”的虚名。

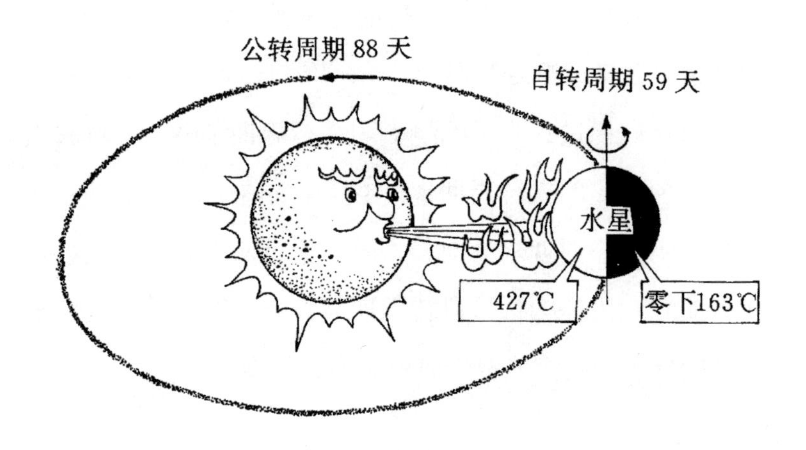

水星昼夜温差极大

直到最近二十来年，人们才发现，水星的自转周期与它的公转周期并不相同，它的自转周期不是88天，而是59天。水星绝不是一面永远“晒太阳”，一面却永远见不到阳光。只不过在水星上，“黑夜”和“白天”都比较长罢了。“水手十号”测量的数据告诉我们，水星向阳面的温度最高可达427摄氏度，背阳面的大部分地区温度在零下163摄氏度左右。这里虽然也“够热”“够冷”的啦，但相对于表面温度只有零下240摄氏度的冥王星和最高温度达485摄氏度的金星来讲，水星并不是“冷热”冠军，它不是太阳系中“最冷又最热”的行星。

“湖泊”里只能装铅水

虽然水星不是最热的行星，但是427摄氏度的温度也够高的。因为水星距太阳最近，所以它接收的阳光最强。它在距太阳最近的时候接收到的光和热是11倍。换句话说，在水星上，就像有11个7月酷暑时的太阳同时照在我们头上一样。假如宇航员能够登上水星的向阳面，他可能就会看到，这里也有“湖泊”，但这个“湖泊”里装的不是水，而是熔化了的铅、锡等金属熔液。

人在这里可活不了

“水手十号”的探测还表明，水星上也有空气。但是，这里的空气太稀薄了，它的密度只有地球上空气密度的0.3%，大气压只相当于地球50 000米高空的气压。人要到了这里，身体马上就会因失去外部气压而爆裂，更谈不上呼吸了。此外，水星上空气的成分和地球上也不一样，主要是氦气和氢气，另外还有少量的氧、氩、氖、氙等，没有氮气，也没有二氧化碳。这样稀薄的空气，加上超过人类承受能力的高温和低温，没有防护措施，我们人类是不能在这里生存的。

●（二）披神秘面纱的维纳斯女神——金星

在冬季，每当夕阳西下，夜幕降临的时候，我们就会在西方地平线的上空，看见一颗闪烁着金黄色光辉，非常漂亮的亮星，这就是金星。金星是我们“近邻”，它到我们最短距离只有4 100万千米。从地球上看，金星是天空中最亮的星星，它比天狼星还要亮16倍。所以，在我们地球上的人们看来，除了太阳、月亮之外，就数金星最亮了。

神话中的金星

爱情之神——金星维纳斯

金星耀眼夺目的光辉引起了人们对它无尽的遐思，在科学技术不发达的古代，人们为金星编织了许多美丽的神话。中国古代把金星叫作“太白金星”，说它是玉皇大帝身旁的一位天神。古罗马人说它是太阳神阿波罗的使者，总是紧紧跟随着光芒万丈的太阳，为人们送来温暖和光明。也有人说它是专司人间爱情的爱神维纳斯的化身，掌管着人间的悲欢离合。法国人则说它是力量的源泉和象征。当年拿破仑从卢森堡凯旋而归的时候，巴黎人用“金星陪伴他归来”的美丽诗句，来赞美这位风云一时的人物。

但是，美丽的神话并没有使人们对金星有更多的了解，除了它那耀眼的光辉之外，古代的人们对它几乎是一无所知。

神秘的“面纱”

17世纪，人类开始用光学望远镜观测金星。开始人们以为用高倍的光学望远镜，一定会发现金星的许多秘密。可结果却令人非常失望。几个世纪过去了，人们用光学望远镜揭开了其他许多星球的秘密，但对金星这个距我们最近的邻居却一筹莫展。在光学望远镜面前，这位神秘的“维纳斯女神”被一层浓浓的黄色气体包裹得严严实实，像戴着厚重面纱的少女，始终不愿意露出她神秘的面容。于是人们对金星进行了种种有趣的猜测。有人说，既然金星有浓浓的大气，它可能是太阳系中的第二个地球。在光和热都十分充足的金星上，一定到处长满了像地球上热带雨林一样茂密的原始森林。在这些热带丛林中，即使没有人，至少也居住着许多类似于地球上已经灭绝了的奇形怪状的飞禽走兽。也有人说，金星虽然和地球一样，但却和地球走的不是“一条路”，金星上根本就不会有生物，那里除了黑黝黝的高山、黄色的天空之外，什么也没有。这些没有根据的种种猜测和争论，一直持续到20世纪50年代。

“不合群”的金星

特别有意思的是，当人们对金星争论不休的时候，人们甚至连它是不是自转都没有搞清楚。科学家们观测星球的自转，一般都是通过它们“身体”上的一些固定的“斑痕”移动情况来测算的。比如，我们前面介绍过的太阳黑子，就曾经作为研究太阳自转的标志。火星、木星、土星等“身体”上都有“斑”，所以观测它们的自转很方便。但是，这一“高招”对金星却不灵了。原因是金星被一层浓浓的气体包裹着，从地球上看去，金星的“脸”上“光光溜溜”，既没有“痦子”，也没有“蝴蝶斑”，根本看不清它自转还是不自转。因此，金星是否自转？自转的方向是什么？成了人们长期争论的又一个话题。

“太阳从西边出来”，在金星上确实是真的

直到1960年有了射电望远镜之后，科学家们才弄清楚，金星也在自转，但自转的速度特别缓慢，自转一周需要243天。也就是说，金星上的1天等于地球上的243天，真可谓“天上一大，地上一年”。更有趣的是，金星是个不“合群”的行星，它的自转和其他行星都不一样。别的行星都是自西向东转，而它却自东向西转。“太阳从西边出来”，这句在地球上最荒谬的话，在金星上却是千真万确的事实。

金星遇上过严重“车祸”吗

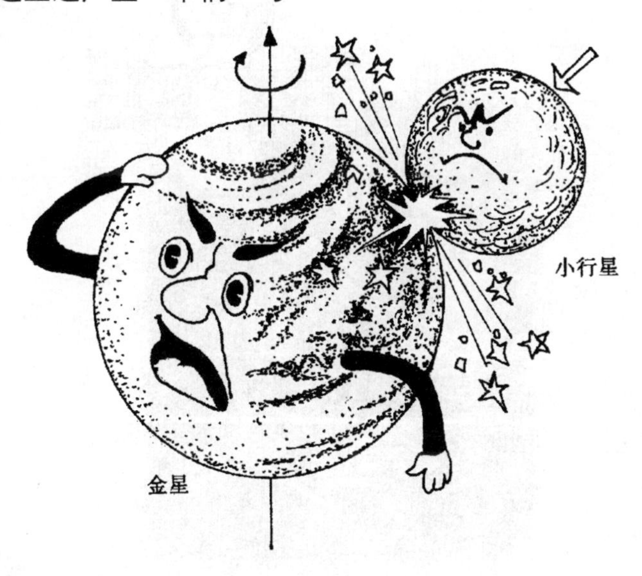

金星的“倒行逆施”至今仍是一个谜

金星的自转为什么和其他行星不一样呢？对此科学家们也有许许多多的猜测。我国的一位科学家认为，金星原来也和其他行星一样，是由西向东转的。后来一个质量差不多有金星的三分之一大小的小行星之类的东西，从反方向撞击了金星，这次严重“车祸”，使金星的自转方向发生了变化，从此，金星就和其他行星不一样，开始“倒行逆施”了。金星到底遇没遇上过“车祸”，它的逆转是不是因为宇宙“车祸”造成的，等等，这些问题的解答还有待于科学家们进一步的观测研究。

“掀起你的盖头来”

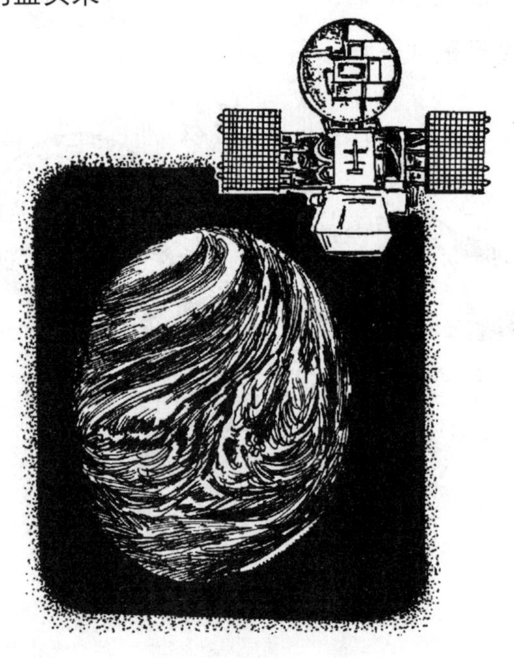

金星探测

为了揭开“维纳斯女神”的神秘面纱，从1961年开始，前苏联先后向金星发射了18个“金星号”探测器；美国紧随其后，先后发射了7个金星探测器。其中，美国1989年5月从“亚特兰蒂斯”号航天飞机上施放的“麦哲伦号”金星探测器，于1990年8月和金星交会，开始绕金星飞行，到1992年，对98%的金星表面进行了观测，拍摄了大量清晰的照片。这些人类的“使者”，终于揭开了金星神秘的面纱。

这里下的是“硫酸”雨

金星探测器探测表明，围绕在金星周围那层浓密的大气，比地球上的大气要厚100倍，难怪它能把金星挡得严严实实的！如果人站在金星上，会因为大气的浮力，体重减轻近10%。金星上的大气压比地球上大100倍，人要站在金星上很快就会被压成“肉饼”。金星上的大气主要是二氧化碳，占了将近97%，氧气很少，只有不足1%。其他还有少量的氮气等。令人惊讶的是，这里的云彩都是浓缩的硫酸组成的“硫酸云”，如果金星上也下雨的话只能下“硫酸”雨了。这太可怕了！金星上为什么会有这么多的硫酸云，目前人们还没找到满意的答案。

这里太热了

金星探测器还测得，在被浓浓的气体包裹的金星上，气温高达485摄氏度，比水星的427摄氏度还要高。在这里，连锡和锌这些金属都要熔化。为什么金星上温度比离太阳更近的水星还高呢？科学家们认为这是“温室效应”造成的。什么是温室效应呢？看见过农民种菜的塑料大棚吗？在冰天雪地的寒冷季节，外面天寒地冻，塑料大棚里却温暖如春，黄瓜、茄子、辣椒、油菜等，生机盎然。为什么塑料大棚在冬天也会这样温暖呢？奥妙就在透明的塑料薄膜上。阳光透过薄薄的塑料薄膜，把大量的热能送进大棚，但塑料薄膜却能阻挡“热气”的“逃跑”，到了晚上，农民又给大棚盖上厚厚的草帘子，“热气”就更难跑出去了。这样，大棚里的热量慢慢积累下来，就变得温暖起来。金星浓浓的大气就好像给金星搭起了一个巨大的“塑料大棚”，使热量难以散发，这样积累下来，温度就变得很高了。虽然水星距离太阳很近，接收到的热量也比金星多得多，但是，因为水星上的大气非常稀薄，接收的热量很快就散失了，所以虽然它距离太阳比金星近，但温度并不比金星高。

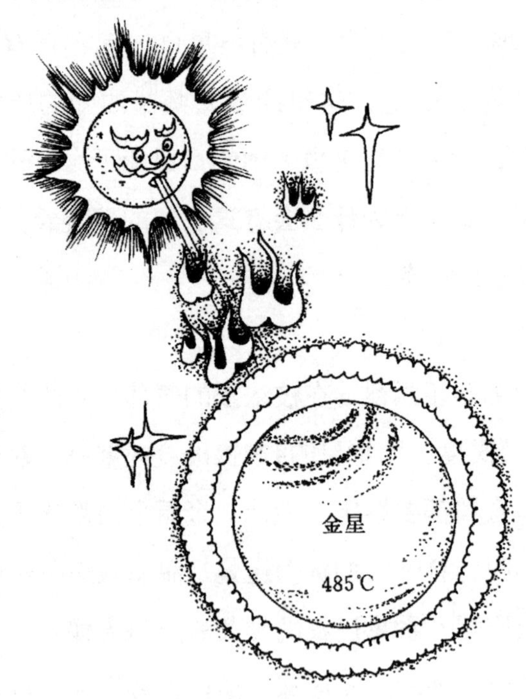

金星温室效应

好大的风

我们知道，地球上最大的风是12级大风。这么大的风可以飞沙走石，连大树都能连根拔起。但是，比起金星上的“风”来，地球上的风逊色多了。地球上12级大风，其风速也不过每秒钟32米多。但金星上大气流动极快，风速每秒钟可高达100多米，比金星的自转速度还快。在地球上的局部地方，有时也可能出现接近每秒100米的大风，但很少，影响的范围也很小；而在金星上，整个金星表面，每天都在刮着这样的大风。

死寂的世界

我们前面已经介绍过，曾经有人乐观地猜想，金星上到处长满了茂密的森林，甚至还有奇形怪状的飞禽走兽。但探测器的探测结果，非常令人失望。金星的表面，没有一丝生机，不用说飞禽走兽、原始森林了，连一滴水都没有，到处是凌乱的大石头，平原上布满沙砾，一片荒凉，没有一丝生机。

“重造”金星

荒凉的金星不仅没有使人们因为幻想破灭而失望，反而更加激起了人们探索研究金星的热情。美国的一位科学家甚至大胆提出了改造金星的设想。按照他的设想，我们人类可以用超级火箭把金星从现在的轨道上“推开”，把它“放在”与地球轨道大致相同的地方。这样，再经过进一步改造，使它适合人类生存的条件，把它变成第二个地球。如果真是这样，到那时，我们人类可就有两个“故乡”了！人们再探亲访友，可能不光是在地球上的不同国家、不同城市之间来往，有时就要在地球和金星之间“穿梭”啦！相信，随着科学技术的不断发展，这一天能够到来，也许会有更多的行星变成第三个、第四个“地球”呢！

金星会成为人类第二故乡吗

四、地球的孪生兄弟——火星

在宁静的夜晚，我们往往会在满天星斗中，看到一颗淡红色的行星在缓慢地移动，这就是我们常说的火星。中国古代，把火星叫作“荧惑”，意思是说，它那淡红的颜色，像荧荧的火光，而且不断移动令人“迷惑”。因为它那特有的红色，古代西方人把它看成意味着战争和充满血腥的不祥之物，对它充满了恐怖、畏惧和神秘。因为火星有许多和地球相似的地方，人们也曾经猜想，火星可能和地球一样，是一个生机勃勃的世界。甚至有人设想，火星有像我们地球上的人一样的高级生命，这些长得怪模怪样的“火星人”也有可能远比我们地球人聪明得多，科学也要发达得多。人们怀着这些渺茫而又极具魅力的希望，对这颗神秘的红色星球进行了长期的观测和研究，直到今天才对它有了比较全面客观的了解。

“火星人”会是什么样子呢

●（一）孪生兄弟

在太阳系的九大行星中，火星可能是最使人感兴趣的星球了。火星有许多地方和地球相似，说它是“孪生兄弟”一点儿也不过分。正因为如此，古往今来，人们给予了火星种种的幻想和猜测，人们甚至猜想，火星上可能有和我们人类类似的“火星人”，它也许是一个生机勃勃、 高度文明的世界。

火星上的一天

我们知道，地球上的一天是地球自转一周需要的时间，这个时间大约是24小时。正是因为地球这种速度适宜的自转，才使得大部分地方可以均匀地接收太阳的光和热，使地球上的温度相对比较均匀，既不太高也不太低，为万物生长创造了很好的条件。这很像是不断转动的爆米花的铁锅。我们都看见过爆米花的吧！你看，爆米花的师傅，一只手烧着小火炉，另一只手摇动圆柱状的铁锅，使它不停地转动。这是为什么呢？其实就是为了使铁锅受热均匀。否则，如果只烧一面，这边煳了，那边还没熟呢。有趣的是，火星自转一周的时间是24小时37分钟，所以，火星上的一天和地球上的一天差不多。假如我们登上火星的话，你就会感觉到这里的日出日落和在地球上没什么大的区别，这里的温度相对也比较均匀。

火星上的春、夏、秋、冬

我们知道，地球上春、夏、秋、冬四季分明。这样的气候特点，使地球上的生物，春华秋实，繁衍生息。为什么地球上有四季呢？其原因就是，地球是“歪着膀子”绕太阳公转的，也就是说赤道面，与它绕太阳公转的轨道面，不是平行的，而是有一定的交角。正是因为地球“歪着膀子”公转，才有了春、夏、秋、冬的四季更替。无巧不成书，火星也是“歪着膀子”绕太阳公转的，并且火星“歪”的角度和地球也差不多。所以，火星上也应当有四季，并且和地球上的四季变化很相似。

实际上正是如此，只是火星上的四季要比我们地球上的四季长一些罢了。我们知道，火星的“跑道”在我们轨道外面，所以它绕太阳一圈儿所走的“路”要比地球长得多，加上火星比我们地球又“跑”得慢，所以火星绕太阳一圈儿需要的时间要比地球长，大约需要687天。地球绕太阳一圈儿的时间，就是我们常说的一年。地球上的一年大约是365天，把一年分成四季，一个季节大约是90天。火星绕太阳一圈儿需要687天，所以火星上的“一年”就是687天，大约相当于地球上的两年。这样，把火星上的一年也分成四季，火星上每个季节的长度也就大约是地球上的两倍。

天空中的“地球模型”

孪生兄弟也有不一样的地方。地球和火星就像是一对孪生兄弟，虽然有许多相似的地方，但也有差别。首先，火星的个头儿比地球要小，是名副其实的小“弟弟”。火星的半径只有3 435千米，大约相当于地球半径的二分之一；火星的体积只有地球体积的六分之一多一点儿，如果把地球掏空的话，大概可以装进6个半火星。其次，火星的质量只有十分之一，所以它对其他物体的吸引力也只有十分之一。一个体重60千克的人，在火星上只相当于大约6千克。还有一点，我们前面已经介绍过，火星的轨道在我们地球轨道的外面，所以，火星离太阳的距离要比地球远得多，大约是1.5倍。因此它得到太阳的光和热就要比地球少，所以火星上要比地球冷一些。在火星的赤道附近白天的温度大约有10摄氏度，到了晚上则下降到零下50摄氏度以下。

以上这些火星与差别，是从严格对比的意义上讲的。其实，如果同太阳系其他行星相比，应当说火星与地球还是非常相似的。所以，有的科学家把火星称作“天空中的地球模型”。

●（二）“追逐”“火星人”

因为火星在许多方面与地球相似，所以人们很自然地就会想到：火星上有没有和地球上的人类似的高级生命呢？受观测技术和设备的限制，在人们对火星有了一点儿了解，但又不准确、不全面的情况下，这个问题使人类困惑了将近一个世纪，许许多多的科学家为此做了大量探索性的工作。

火星上难道有“运河”

我们知道，运河是人工开凿的主要用于水运的河道。在我国始于隋朝开凿的京杭大运河就是地球上著名的运河，它和长城一样，是人类文明史上一个伟大的工程。有趣的是，火星上的假“运河”，却引出了一大堆乱子。

难道有“火星运河”

用普通的天文望远镜观察你就会发现，火星上有一些发暗的区域，这些区域肯定是火星表面比较低洼的地方，所以，早期科学家们曾经认为，这些区域就是火星上的“海”。1859年，意大利一位叫谢基的科学家，在观测火星上的“海”时，意外地发现在“海”与“海”之间，有一些线条把这些“海”连在了一起。根据地球上的经验，谢基推断这些线条就是火星上的河流。于是，他给这些线条起了一个名字叫“水道”。谢基的这一发现在当时并没有引起人们的注意。18年后，也就是1877年，发生了一次火星大冲。我们前面已经介绍过，火星大冲实际上是火星距离地球最近的时候，此时是观测火星的最好时机。利用这次大冲的机会，意大利的另一位科学家沙帕雷里对火星、金星进行了仔细的观测。他发现，谢基所说的“水道”，不是弯弯曲曲，而是像用尺子画出来的一样平直，从一个“海”通向另一个“海”，彼此纵横交错，密如蛛网，布满火星的表面。这些平直的“水道”，显然不像地球上自然形成的河道，因为地球上自然形成的河道没有一个是直的，都是弯弯曲曲的。鬼使神差，不知是什么原因，沙帕雷里忽然想到了运河，因为只有人工开凿的运河才有可能这样直来直去。地球上的运河是人类有意识地根据自己的需要开凿的。那么，火星上的“运河”又是哪儿来的呢？沙帕雷里在仔细观测勾画出火星上的130条“运河”之后，初步认为，火星上的这些运河是火星上有智慧生命的劳动成果。1893年，沙帕雷里在一家刊物上，以不十分肯定的口吻阐述了自己的观点。

“火星人”兴修“水利”

沙帕雷里这个连自己都感到把握不大的假想，却立刻引起了人们的极大兴趣。甚至有人认为，火星上是否有“火星人”已经不是什么问题了，下一步就是要弄清这些“火星人”是什么样子了。

困扰人类很久的“火星人”

更有趣的是，一些科幻小说的作家们，给这些火星“运河”编造了一大堆古怪离奇的故事。他们说：大约在几千年前，当地球上的人类还处在蛮荒状态的时候，“火星人”已经发展到高度文明的阶段了，它们当时的科学技术甚至已经超过了我们地球人现在的水平。但是，由于气候的变化，火星上越来越干旱，水源的短缺对“火星人”的生存构成了严重威胁。为了合理利用火星上的水源，“火星人”全“球”动员，兴修“水利”，开凿庞大的“运河”网，沟通火星上的各个“湖泊”和“海洋”，并把两极丰富的冰雪融化，输送到缺水的地方，最终解决了火星的水源问题。还有的人，对火星上的“城市”“乡村”繁荣富饶的景象做了生动的描述。一位科学家甚至说：“我似乎听到火星上的鸟儿在唱歌了！”

对这些希奇古怪的幻想，当时就有不少人提出反对意见，认为这纯属无稽之谈，但是这些反对的人又拿不出有力的证据推翻这些幻想。所以，当时许多人相信火星上有“火星人”，这种传说持续了将近一个世纪。

“火星人”骚扰美国

1938年10月30日是一个星期天，美国纽约的哥伦比亚广播公司，用新闻的形式播出了一部广播剧——《大战火星人》。这部广播剧说：火星上的怪物已在美国登陆，它们到处喷射火焰，施放毒气，所到之处尸横遍野，一片瓦砾，任何人都无法阻挡它们……广播公司万万没有想到的是，这个广播剧却使收听的人信以为真，上百万的美国人惊恐万状，四处奔逃，有许多人在混乱中丧生。

1988年的10月30日，美国新泽西州的一个小镇，举办了一个特别的纪念会——“纪念‘火星人’‘登陆’50周年”，会上重播了50年前引起一场混乱的广播剧《大战火星人》，以此提醒人们要有严谨的科学态度，并悼念在那场混乱中遇难的人们。

“火星运河”消失了

随着天文望远镜的改进，人们对火星的观测越来越清晰。奇怪的是，望远镜越大，观测得越清晰，就越找不到所谓的“运河”了。那些使人们断定火星上的“人”的“运河”哪里去了呢？后来终于弄清楚，那些所谓的“运河”只不过是一些靠得很近的环形山和凹凸不平的暗斑，在望远镜分辨率不高的情况下，眼睛的视觉误差使人们把这些分散的“点”看成了一条条的线。随后，越来越多的观测资料说明，火星上根本没有“人”。

但是，仍然有一部分人，对“火星人”的存在深信不疑。直到1957年，前苏联发射了人类第一颗人造地球卫星之后，该国的一位科学家，居然提出了一个很离奇的见解。他认为，火星的两颗卫星——火卫一和火卫二就是高度文明的“火星人”发射的“人”造卫星。但是大量的观测资料很快就推翻了他的臆造。

●（三）走近火星

随着现代航天技术的发展，为了弄清火星这个“孪生兄弟”的真实面目，前苏联和美国都把火星作为除月球之外的第二个探测重点。从1962年开始，这两个国家先后向火星发射了一系列的探测器，给火星拍摄了大量照片和电视图像。有的探测器还成功地实现了在火星表面的软着陆，并在火星的表面进行了长达几年的探测，比较详细地了解了火星表面的情况。

火星上的“人脸”

可能是人类感觉我们的地球太孤独了，尽管越来越多的观测资料证明，“火星人”存在的可能性几乎没有，但是人类始终不愿意放弃这个美丽的幻想。一直到一个又一个火星探测器上天，科学家们仍然在探测器发回的资料中，寻找“火星人”的“足迹”。

1976年，美国“海盗号”火星探测器，发回了一幅非常有趣的图像：在火星的表面有一个非常像人脸的区域，宽宽的额头、深深的眼窝、高高的鼻梁、长长的嘴巴。这个特殊的发现引起了科学家们的极大兴趣。有的人认为，这张“人脸”是因为“海盗号”拍摄时光线明暗不同造成的。但是，美国的一个专门研究火星的机构却认为，这张方圆1.6千米的“人脸”是“火星人”的杰作，是由众多类似地球上的“金字塔”式建筑环绕成的一座巨碑，它是“火星人”向其他星球作昭示和联络的信号。为了弄清火星“人脸”的秘密，1998年，美国发射的“环火星勘探者号”火星探测器，又对这块“人脸”地区进行了连续三次的探测，结果表明，所谓的“人脸”只不过是一座普通的小山而已。科学家们再一次证明了火星上的确没有“人”。

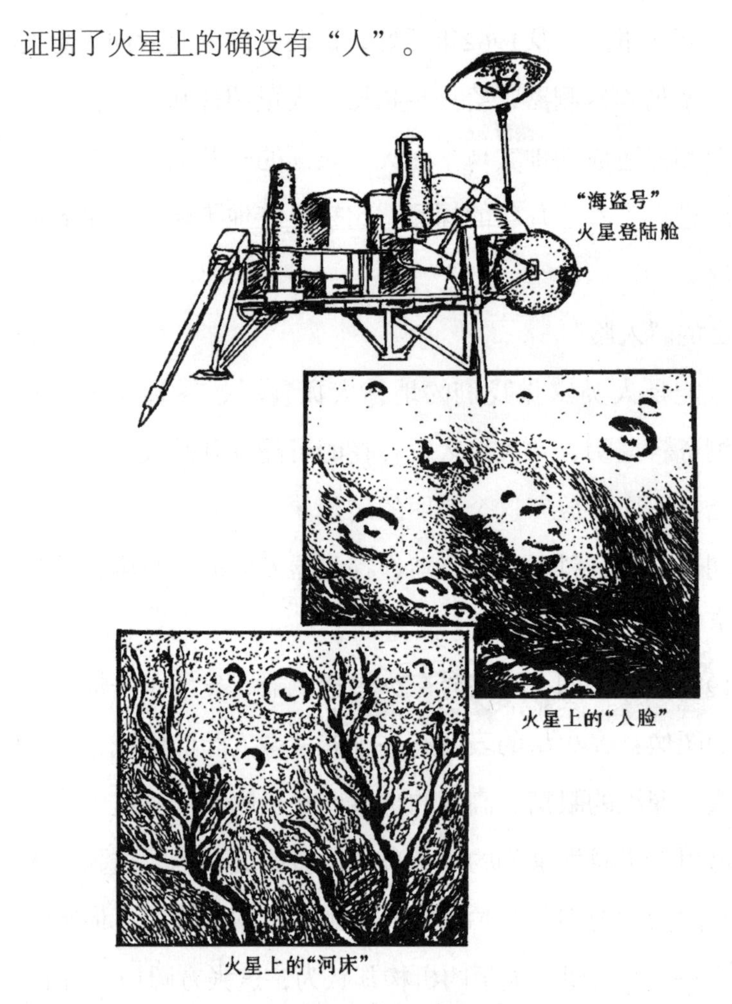

火星“海盗号”发回的信息

这里只有大“圆坑”

截至1998年，对火星的探测结果进一步证实，火星上没有高级生命和运河。这里有的是大量的小天体撞击形成的圆坑——环形山，仅在火星赤道两侧40％的范围内，就发现了近5万多个直径大于1 000米的圆坑。除去大大小小的圆坑，火星的表面还有大量的火山，有些火山可能还正在活动。火星表面是满目荒凉的大漠。

火星“探路者号”在进行观测

干涸了的“河流”

火星探测器发回的资料进一步证明，火星上确实没有什么“运河”。但是，火星上的确有一些蜿蜒曲折的“沟渠”。它们大小不一、纵横交错，有“主流”有“支流”，非常像地球上干涸了的河流、水系。这些干涸的“河流”是怎么形成的呢？对此科学家们有着不同的见解。有的科学家认为，这就是火星上的河流遗迹，火星过去的气候要比现在温暖、湿润得多，曾经有许多河流在这颗星球上奔腾、咆哮，至今在火星的两极仍然有大量的水分，如果把这些水融化出来，就可以在整个火星表面铺上10米深的水。也有的科学家不同意这种观点，他们认为这些所谓的“河流”实际上是火山爆发，熔融的岩浆留下的痕迹。

1996年12月，美国发射了一颗名为“探路者号”的火星探测器，这个探测器携带了一个名叫“漫游者”的六轮机器人。1997年7月，“漫游者”在火星表面着陆。“漫游者”在火星表面的岩石上，发现了几毫米厚的由于水蒸发而沉淀下来的盐类物质。研究表明，30亿年至10亿年前，火星上曾有过洪水活动。据科学家们推测，当时有相当于地中海水量的水，在几百千米宽的范围内泛滥。后来，这些泛滥的洪水慢慢消退了，只在火星的表面留下了一些干涸的河床。“漫游者”的探测结果表明，火星上的“沟渠”的确是河流的遗迹，只是现在已经没有水了。

那么，火星上的水到哪里去了呢？对此科学家们有许多不同的看法：有人认为火星的质量太小，没有能力保留大量液态的水，这些水都慢慢地消失了；也有人认为，早期的火星在年轻太阳的照耀下气候比较温暖，所以，有液态的水存在，后来因为温度逐渐变低，水都变成了冰而集中到火星的两极了。到底是怎么回事，这还有待于进一步探测研究。

火星大气成分

恶劣的气候

火星上也有大气。在过去，从地球上获得的火星大气的资料非常有限，这层大气使人们产生了许多错误的认识，曾经给人们探索火星上的生命带来过极大的希望。当降落在火星表面的探测器对火星大气进行准确的分析之后，人们才弄明白，过去对火星大气的认识实在是太肤浅了。

火星大气和地球大气完全不是一回事。火星上的气候非常恶劣。火星大气中的二氧化碳接近96%，氮占2.5%，氩占了1.5%，其他还有少量的氪、氙、氖和极少量的水蒸气，氧仅占0.1%。火星上的空气非常稀薄，仅相当于地球4万米上空的水平，这里的大气压只有地球上的0.5%。按照我们地球上的标准，这里根本不能满足生物生存的需要。

有趣的是，火星上稀薄的空气，却能形成骇人听闻的大风。每到春季，大风就会吹起巨大的尘暴。我们可能在电视上、电影里看见过地球上沙漠地区的尘暴。尘暴是大风把地表的尘土、沙砾吹起来形成的一种恶劣的自然现象。尘暴一到，沙尘滚滚，遮天蔽日。但是，火星上的尘暴比地球上的还要厉害，它可能在火星上横行几个月，不仅使火星的表面日月无光，而且还会使整个火星改变颜色。

谁“染红”了火星

我们知道，火星是以它那特有的红色而著称的。那么，是什么东西把火星染成了红色呢？火星探测器的探测表明，火星沙漠地区的主要成分是赤铁矿和一些硅酸盐。我们知道，赤铁矿本身就是红颜色的，正因为它是红色的，才能称作“‘赤’铁矿”。火星沙漠上的沙尘当中含有大量红色赤铁矿的成分，所以，火星表面呈现红色就不足为怪了。更为严重的是，因为长年大风，火星的低层大气中含有大量的尘埃，这些尘埃也含有大量细微的赤铁矿颗粒。所以，如果你登上火星就会惊奇地发现，火星的整个天空都是一片美丽的橙红色。所以，我们站在地球上看上去，火星就是一颗橙红色的行星。

陨石送来的信息

目前，多数科学家承认，火星表面是一个大气极其稀薄、没有水体、寒冷而荒芜的死寂世界，这里没有高等生物生存的条件，也没有任何生物活动的痕迹。但是，这并不排除火星上存在一些低等的、原始生命的可能性。

火星陨石在全世界引起轰动

1984年，科学家们在南极发现了一块陨石，经过研究，确认这块陨石来自火星。1998年，美国科学家宣称，在这块陨石上发现了比人的头发丝还细100多倍的管状结构，他们认为，这个管状的东西是36亿年前火星上原始微生物的化石。这个发现在全世界掀起了巨大的波澜，许多科学家为此欢欣鼓舞。但是，更多的科学家并没有被这个结果所陶醉，他们非常冷静地对已公布的资料进行检验和核对，对此提出了不同的看法，认为管状物是火星微生物化石的证据还不充足，依此断定火星上曾经有过微生物还为时过早。

但是，火星上可能发育过生命，毕竟为人类探索地外生命点亮了一丝希望之光！

到火星上去

比起其他的天体来，火星更接近人类的生存条件，火星对人类的未来具有重要意义。因此，人类对火星的探测和研究正在一步步深入。美国和俄国的科学家准备联合远征火星，将两批宇航员送上火星，每批都是三男三女，以减少寂寞和孤独，创造宇航员之间的和谐气氛。他们将用9个月的时间飞到火星，在那里工作一年，然后再用9个月的时间返回地球。他们将在火星上建造一个供人居住的“前哨站”，然后陆续派人到这个“前哨站”工作。他们还计划在2020年以后，在火星上建造初级居住基地，2030年以前建成永久居住基地。相信这些设想很快就会变为现实。

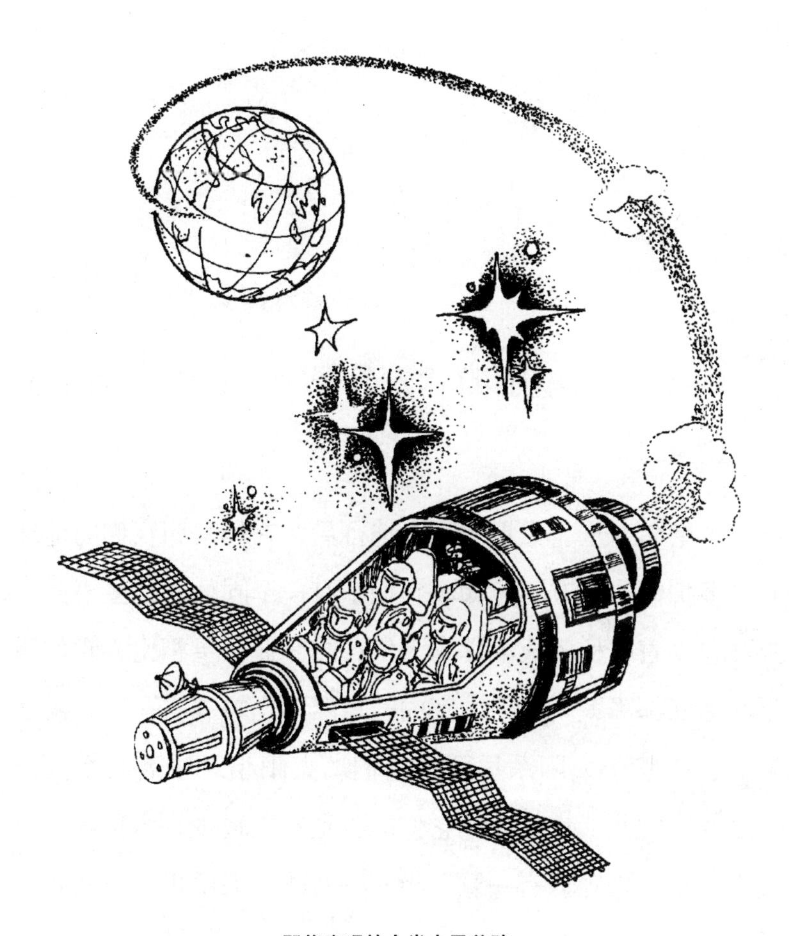

即将实现的人类火星着陆

五、行星中的“大个子”——木星和土星

水星、金星、火星都是类地行星，它们都和我们的地球有许多相似的地方。比如，它们都有一个固体的行星表面，外面包裹着或稀薄或浓厚的大气；同其他行星相比，它们质量和体积都不太大，但内部的“东西”比较“实在”，密度较高；在整个太阳系里面，它们离太阳相对较近，是太阳“贴身”的儿女；另外，它们的卫星都比较少，水星和金星没有卫星，地球只有一颗卫星——月球，火星也只有两颗卫星即火卫一和火卫二。

太阳系中的另一类行星叫作类木行星，也就是说它们都和木星有许多相似的特点。它们的体积和质量都比较大，没有固体的表面，外层是气体，里面是在高温高压下已经变成液体的氢、氦等物质，它们的周围一般都有许多卫星。类木行星处在太阳系的“外围”，离太阳较远。木星、土星、天王星和海王星都是类木行星。其中木星和土星是典型的类木

行星，它们像孪生的兄弟姐妹一样，有许多共同的特点。

众神之父宙斯

●（一）行星“霸王”——木星

在古希腊神话中，木星被看成是众神之父宙斯的化身，它威严无比、神通广大、呼风唤雨、变化莫测。木星得到这样的称号是当之无愧的，因为它的确是行星世界的“霸王”。论个头儿，它的体积比地球大1 316倍，在它那“胖大”的身躯里，可以装下1 316个地球；论“体重”，太阳系其他8颗行星“绑”在一起，也只有木星的40%。奇怪的是，木星虽然“个头儿”很大，但并不“笨重”，它只要9小时50分钟就可以自转一周，差不多比地球快一倍半。这么快的自转速度，使得木星赤道向外胀，两极向里缩，变成了一个大“扁”球。

木星不仅以它那“胖大”的身躯和巨大的体重名冠行星世界，而且它充满了许许多多的奥秘。直到今天人类对它的了解还是非常有限的。

“花里胡哨”的外表

在望远镜里，木星最引人瞩目的就是它那“花里胡哨”的外表。总体上看，木星是一个金黄色的大扁球，但在它的“身体”上却布满了一条条五光十色、不断变换的横向大“彩带”，除了这些“彩带”之外，还有许多黄的、红的、绿的等五颜六色的斑点。这些斑点忽多忽少、忽大忽小、时隐时现，使木星披上了一层光怪陆离、变幻莫测的神秘色彩。更使人惊叹的是，在木星的“脸”上还长着一块卵形的“红疤”——著名的“大红斑”，这块显眼的“红疤”夹在五颜六色的“彩带”之间格外吸引人。自1660年“大红斑”第一次被发现以来，距今已有300多年。300多年来，“大红斑”虽时有变化，但始终没有消失过，它长近2.2万千米，最长时曾达到过4万千米，

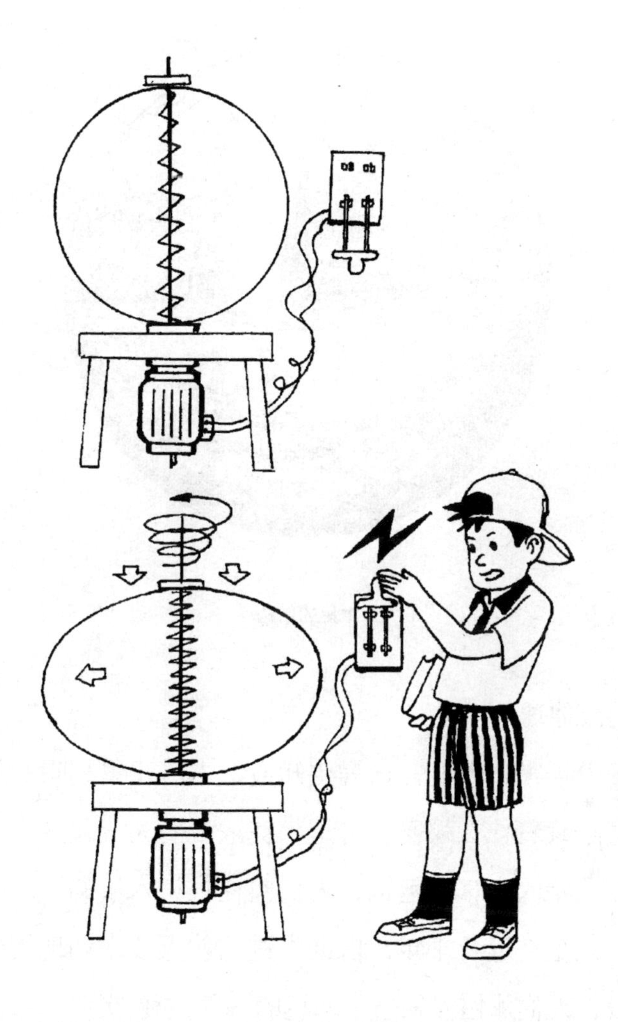

高速自旋的东西会变扁

宽约1.3万千米，其大小足以容纳好几个地球。近年来，木星探测器的探测结果表明，木星“大红斑”是一个特大的旋涡，其形成的原因至今仍没有得出满意的答案。

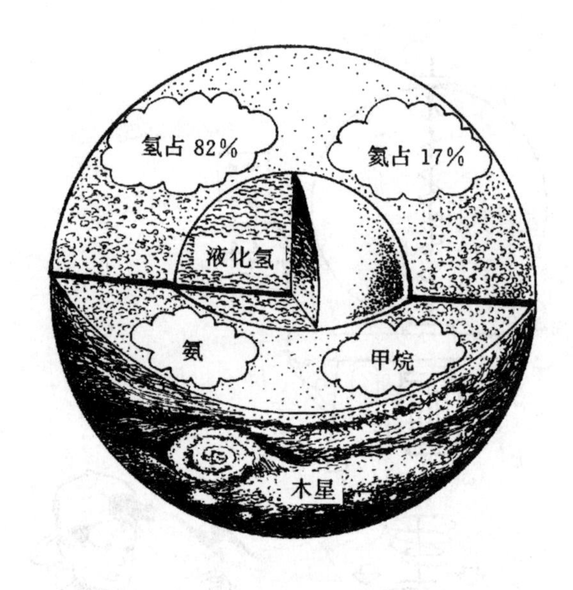

木星的结构

巨大的液体球

多少年来，人们一直渴望知道，木星花里胡哨的外表里面到底隐藏着什么秘密。可是，在浓浓的大气包围下，仅靠肉眼和原始的光学望远镜，人们实在难识木星的“庐山真面目”。只是在近几十年，借助先进的航天技术和现代化的观测手段，人们才慢慢知道了木星的一些“秘密”。

根据行星探测器发回的资料，科学家们推测，木星的外层是一个厚达1 400千米的大气层。木星大气中82%是氢，17%是氦，其他主要是氨和甲烷。和类地行星不一样的是，木星大气的下面不是坚实的地面，而是一个深不可测，沸腾翻滚的“汪洋大海”，不过这个“汪洋大海”里装的可不是水，而是液化了的氢。我们知道，在地球上氢是一种最轻的气体，以至于在气球内充满氢气，气球就可以飘起来。但木星大气层下面的氢和地球上的氢完全不一样。在几百万个大气压的“压榨”之下，大气层下面的氢全都变成了液体，这样的液体氢大约有5.5万千米厚。不管怎么说，这层氢还保持了氢的一些性状，比如说它还是以分子的形式存在的，所以这层氢可以叫作液化了的氢气。但是，从这层氢再往下，虽然还是氢，但这里的氢已经变“性”了。在更大的压力下，往里已经没有氢分子了，氢都变成了液体的金属，科学家们把它叫作“金属氢”。科学家们估计这层金属氢大约有3 000千米厚。有的科学家推测，木星的中心可能有一个主要由铁和硅组成的小小的固体内核，但人们对此尚有争议。因此，科学家们把木星称为“液体行星”，是飘浮在太空中的一个“液体球”。

姓“行”还是姓“恒”

我们介绍过，行星最大的特点就是本身不会发光，而是反射太阳的光。木星似乎不太遵守这个“清规戒律”。观测表明，木星不仅反射太阳光，同时它本身也不断地向外发射肉眼看不见的红外线和射电波；观测还表明，木星发射出来的能量，是它吸收太阳能量的2.5倍。这就是说，木星的“收支”不平衡，“支出”的能量比它从太阳那里“收入”的能量大得多。这些观测事实都说明一个问题，除了接收太阳的能量之外，木星另外还有其他的能量来源，而这些能量只能来源于木星本身。所以，多数科学家都认为，木星自身能向外辐射能量。然而，向外辐射能量是恒星的特性，因此，有的科学家认为木星究竟姓“行”还是姓“恒”，到底是行星还是恒星还需进一步研究。

太阳系会诞生“第二颗恒星”吗

不知你注意到没有，如果把木星和太阳对比一下的话就会发现，木星的物质成分和太阳非常相似，只是质量比太阳的质量要小得多。我们知道，太阳形成的初期也只能向外发射少量的能量，后来随着不断收缩，温度不断升高，引发热核反应之后，才成为今天这个光芒万丈的大火球。木星是不是和当初的太阳一样，正在变成发光发热的星球呢？也许将来木星会变成一颗恒星。如果真的那样，在太阳系中不就有两颗“太阳”了吗！到那时我们地球会不会因为有两个“太阳”“烤”着，热得不适合人类居住了呢！

对此，有的科学家有完全不同的看法。他们认为，要成为一颗恒星必须具备一定的质量，只有质量足够大，才能产生足够的压力和温度，才能引发热核反应，也才能发光、发热，成为名副其实的恒星。木星虽然物质成分和太阳大致相同，但是它的质量太小，只有太阳的1‰，所以它充其量是没有“长成”的太阳，不可能变成恒星。木星到底能不能变成太阳系的第二个“太阳”，至今还是一个未解之谜。

木星也有“项链”

过去人们只知道土星的外面有圆环。1979年，美国“旅行者一号”探测器发回的照片表明，木星也有一个巨大的圆环围绕着它。这个圆环由无数暗色的碎石块组成，宽约数千千米，厚度大约有30千米，它像一条巨大的黑珍珠“项链”，套在木星的外面，并绕着木星高速运转。

庞大的“卫队”

木星庞大的卫星群可能是太阳系最壮观的景象了。目前已发现的木星的卫星有16颗，它们像忠诚的“卫士”，紧紧环绕在木星的周围。我们可以想象一下，假如我们的地球有

16个月亮，每当夜幕降临时，它们此起彼落，交相辉映，那该是多么动人的景象啊！

根据这些卫星离木星的远近，科学家们把这些卫星大致分成了两群。靠近木星的一群有5颗，其中4颗最大最亮的是伽利略发现的，所以它们又叫作“伽利略卫星”。这些卫星的共同特点就是大而且明亮。其中最大的木卫三，直径近5 000千米，比水星还大。另外一群，距离木星较远，个头也都比较小，其中最小的木卫十三直径还不到10千米。

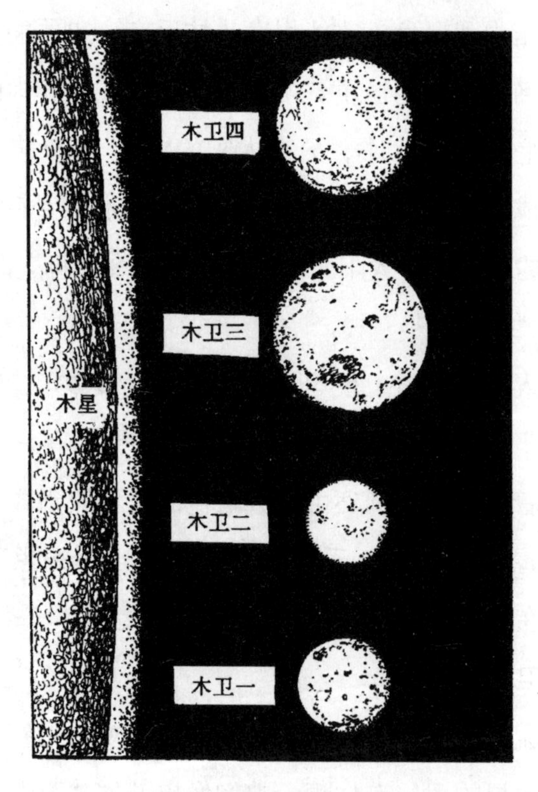

木星的卫星

进一步探测发现，木星一些较大的卫星，不仅表面有一层氨、氮、二氧化碳和水组成的“冰”，而且有的外部还包裹有一层稀薄的大气。木卫一上面至少有6座火山正在喷发，喷射的物质高达480千米，其喷发强度比地球上的火山还厉害。所有这些都表明，木星的卫星真的有点儿像行星。难怪有人说，木星和它的卫星是太阳系中的“小太阳系”。

彗星“袭击”木星

1994年7月，发生了一件令全世界震惊的天文奇观，一颗命名为“苏梅克一列维九号”的彗星撞击了木星。这是人类第一次成功预测，并亲眼目睹的天体相撞事件。

壮观的彗木大碰撞

“苏梅克—列维九号”彗星，是美国的两位科学家苏梅克和列维发现的，所以命名为“苏梅克—列维九号”。这颗彗星在几十年前，被木星的引力“捕获”而进入木星轨道。

科学能使人类避免“天地大冲撞”

根据计算，这颗彗星将在1994年7月与木星相撞。事实和科学家们预测的一样，从1994年7月17日4时15分，到7月22日16时，在连续6天的时间内，共有21块被木星引力“撕碎”的彗星碎块，连珠炮似地相继撞击木星。这些彗星碎块在冲进木星大气时，温度急剧升高到3万摄氏度，周围的木星大气也被加热到3.4万摄氏度，7秒钟之内，彗星碎块在木星大气中穿行400多千米，然后爆炸。爆炸释放的能量巨大，每个碎块爆炸后释放的能量，相当于3亿至5亿颗广岛原子弹所释放的能量。彗星里的东西在爆炸中被分解成了单个的分子和原子。爆炸引起的蘑菇云腾空而起，上升到近千千米的木星高空。爆炸形成的上千千米的巨大火球迅速向外扩散，持续1～2分钟后慢慢冷却。10分钟后，在木星被撞的区域形成了一个直径上万千米的暗斑，有的比木星的大红斑还大。这些暗斑经过几十个小时，甚至几个月后才慢慢消失。

全世界上千名的科学家，开动了各种观测仪器上百台，仔细观测了这次大碰撞事件。运行在太空中的至少6架航天探测器，和正在轨道上飞行的美国“哥伦比亚号”航天飞机上的宇航员，也对这次碰撞进行了观测。这次观测，不仅使科学家们了解了大量木星的秘密，而且为将来准确预测小行星、彗星撞击地球，使我们的地球免遭“飞来横祸”提供了经验。

●（二）戴“大草帽”的绅士——土星

土星真像是木星的孪生兄弟，在许多方面都与木星非常相似：它的体积和质量也相当庞大，在太阳系的行星中是当之无愧的“二哥”；土星也有花里胡哨的外表，在它的身体上布满了一条一条的“彩带”，只不过土星的颜色比较淡，不像木星那样鲜艳；土星上有时也会出现与木星大红斑类似的“大白斑”；土星大气的成分和木星基本一样，只是氨和甲烷的含量稍高一些；土星也没有像地球一样坚实的地面，而是一颗液体行星；土星也有自己的能源，也能向外发射红外线……

土星的“草帽”

土星最引人瞩目的地方，就是它那特有的美丽光环，这个光环要比木星周围的圆环明亮得多，也漂亮得多，用一般的望远镜我们就可以目睹它的风采。它们一圈儿套一圈儿、一环套一环，整齐地套在土星的周围，好像给土星戴了一顶硕大的“草帽”。

从地球上用望远镜看，土星的光环有5道。1979年，美国“先驱者号”探测器飞临土星，又发现了两道新环。1980年，美国“旅行者号”探测器，在距离土星12万千米的空中掠过土星，从土星光环中一穿而过，给土星光环拍摄了清晰的照片。从这些照片上人们惊奇地发现，土星的光环远远不止7道，而是有无数道，大环套小环，密密匝匝，从土星大气层外面一直延伸到32万千米的高空，整个光环像一张巨大的高密度唱片套在土星上。进一步探测发现，土星环实际上是一群大小不一的围绕土星高速运转的固体砾石、粒子和冰晶。土星环里这些大大小小的“石头块”是从什么地方来的，至今科学家们还没有找到明确的答案。

土星是个虚胖子

长期以来，土星美丽的光环吸引了科学家们大部分的注意力，甚至使人们忽略了对土星本身的研究。直到航天技术高度发展的今天，人们才对土星有了一定的了解。

土星在太阳系已知的行星中是仅次于木星的“大个子”，它的体积大约是745倍，但质量却只有95倍，这就说明土星里面的“东西”比较“轻”，是个“虚胖子”。它的密度比水还小。如果有一个足够大的海洋的话，把土星放进去，它就会漂浮起来。

这颗“轻飘飘”的“虚胖子”，在距离太阳14亿多千米的轨道上，绕太阳奔跑，每绕太阳一周大约需要29.5个地球年。但是，土星的自转速度相当快，只要10小时零2分钟就能自转一周。这样土星上的一年，相当于地球上的29年多，而土星上的一天还不到地球上的半天，所以土星上是一个年长天短的世界。

“子女”成群

目前已经发现的土星卫星有23颗之多，在所有的行星中名列榜首。它像一个子女成群的母亲，“拖儿带女”地在太空中流浪。

在众多子女中，最值得一提的就是“老六”——土卫六，也叫泰坦星。土卫六是太阳系中的第二颗大卫星，它比水星、冥王星都大。科学家们发现，土卫六不仅有大气，而且大气密度和地球差不多，其成分也与地球出现生命之前的原始大气相近，很有可能是除地球之外第二个生命的摇篮，科学家们希望从那里找到有生命的物质。但是，“旅行者一号”探测器的探测结果却使人非常失望。

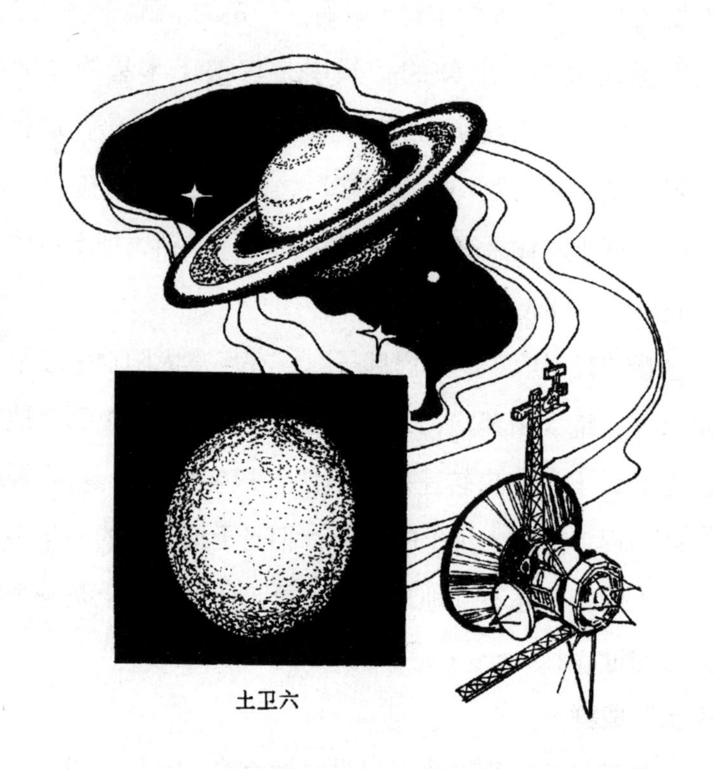

“旅行者一号”拍摄的土卫六

探测结果表明：“土卫六”的表面温度极低，只有零下201摄氏度，大气中98％是氮气。在这样低的温度下，氮气都变成了液体，在土卫六的表面很可能分布着一些湖泊，不过这些湖泊里装的不是水，而是蓝色的液体氮。在这个天寒地冻的世界里，很难指望找到生命。但是，科学家们并没有对土卫六完全失去信心。科学家们认为，因为土卫六的云层太厚，使人难以看清它的真实面貌，所以对它表面的情况还不能过早下结论。在它厚厚的云层下面很可能有大量的有机物质。最近的观测表明，土卫六的表面可能有陆地。科学家们希望土卫六成为继月球、火星之后，人类在太阳系中的第三个去处。

六、远离母亲的“子女”——远日行星

在地球上，人们凭肉眼能够直接看到的行星只有水星、金星、木星和土星。所以，在很长时间内人们一直认为，算上地球，太阳系一共有五颗行星，土星是太阳系的尽头。因此，伽利略曾经把土星称为“最高行星”，意思是说，土星是太阳系最外面的行星了。但是，不断积累的观测资料和新的观测研究结果，推翻了这种传统的认识，人们在土星轨道的外面又先后发现了天王星、海王星和冥王星三颗行星。因为这三颗行星都在太阳系的外围，距离太阳较远，所以科学家们又把它们叫作“远日行星”。

●（一）音乐家发现的行星——天王星

科学研究中往往有许多的偶然性，天王星的发现过程就是一个典型的例子。

音乐家发现了天王星

威廉·赫歇尔是一位以演奏风琴为职业的德国音乐家，后来移居英国。他对天文学有着浓厚的兴趣，浩瀚的星空强烈吸引着他，只要有时间他就不知疲倦地钻研这方面的书籍。因为没钱买望远镜，赫歇尔克服重重困难自己动手磨制了一架望远镜。1781年3月的一个晚上，赫歇尔用他自制的望远镜对准双子星座观测时，发现一颗星星有些特别，他把望远镜放大倍数调高，仔细观察，发现这颗星星不仅有一个清楚的圆轮，而且还在附近的恒星中间移动，显然这是行星的特点。但是，受传统观念的束缚，赫歇尔根本不敢相信这是行星家族中的一个新成员。又经过一个多月的追踪观测后，赫歇尔似是而非地把它当成了一颗遥远的彗星。同年4月，赫歇尔向英国皇家学会提交了一份报告，报告称新发现了一颗彗星，并详细阐述了这颗新发现彗星的位置和特点。

赫歇尔的报告引起了极大的震动。许多科学家都对这颗特别的“彗星”进行了观测。可是，计算结果表明，它的轨道与其他彗星根本不一样，而是与行星轨道非常相似，经过很长一段时间的反复观测计算，最后科学家们不得不承认，这颗所谓的“彗星”实际上是太阳系的第七颗行星。英国科学家把这颗新发现的行星命名为“天王星”。实际上，在此之前，有不少科学家不止一次地看到过天王星。遗憾的是，当时流行着一种陈腐的观念，认为太阳系的范围只到土星为止，受这种传统观念的禁锢，都没有想到它是行星，而把它当成恒星让它“逃之夭夭”了，因此，一次次与重大发现失之交臂。传统观念对人的影响真是太大了！

天王星距离地球非常遥远，所以，被发现以后近200年，人们对它的情况知道得很少。1986年1月，美国“旅行者二号”探测器在天王星“身旁”飞过，在30天内连续向地球发回了7 000多张分辨率很高的近距离拍摄的照片和大量其他资料，才使人类对天王星有了突破性的了解。真可以说是

30天胜过了200年！看来科学技术的作用实在是太大了。

它是“老三”

要论个头儿，在太阳系已发现的九大行星中，木星是当之无愧的老大，土星是老二，老三就轮到天王星了。天王星的直径有5万多千米，大约是地球直径的4倍，体积则大约是地球的65倍。

天王星的结构

天王星的大气厚达几千千米，主要是氢气，大约占85%，其余是氦。大气层的下面是深达8 000千米的液体内核，内核的温度高达三四千摄氏度，由于大气压力极大，在这么高的温度下液体也不会沸腾。

“躺着”“打滚”的天王星

天王星的自转速度很快，自转一周只需要10小时49分钟，但它公转的速度很慢，绕太阳一周大约需要84个地球年。有趣的是，天王星的自转方向和其他行星都不一样。我们知道，地球和火星是“斜”着“身子”旋转的，木星的自转轴几乎与自己的轨道面垂直，仿佛是“站”着旋转的。而天王星的自转轴几乎与它的轨道面平行（只有8度夹角），所以它几乎是躺在轨道面上一边“打滚”一边前进。这种特殊的运转方式，使得天王星的两极也有机会得到充分的阳光。

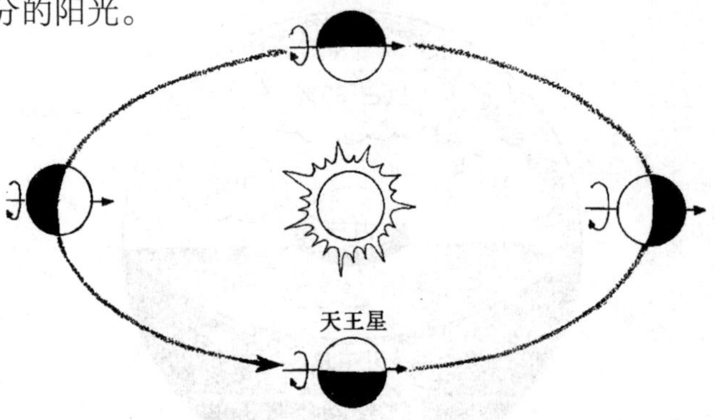

“躺着”“打滚”的天王星

它也“拖儿带女”

天王星也有卫星并且“人数”不少。目前已知道，天王星至少有15颗卫星，其中5颗较大的是人们在地球上用望远镜发现的，其他10颗是“旅行者二号”探测器发现的。

此外，科学家们还发现，天王星的外面也和木星、土星一样有一个“圆环”“套”在身上。目前已发现的环带共有九条。不过，与土星、木星相比，天王星的“环”要逊色得多了，它既窄又细，在地球上很难发现。

●（二）计算出来的海王星和冥王星

天王星“越轨”“报信”

天王星被发现之后，许多科学家都想一睹为快，亲眼目睹一下这颗新发现的行星的风采。但是，科学家们很快发现，这个行星的“新兄弟”却很不守规矩，每每越出科学家们为它预算好了的轨道，总是偏离它应该走的路线。这一奇怪的现象甚至使一些科学家对牛顿的万有引力理论和开普勒的行星轨道理论产生了怀疑。

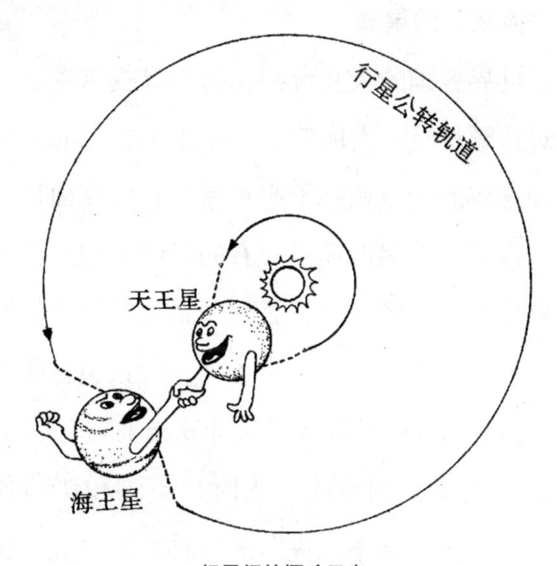

行星间的摄动示意

为了揭开天王星“越轨”之谜，科学家们不辞劳苦，对几个已知行星之间的“摄动”情况进行了反复计算。那么，什么是摄动呢？原来，一颗行星在它自己的轨道上运动时，如果只受到太阳的引力，它的轨道应该是稳定不变的。但事实上，由于万有引力的作用，行星在受到太阳引力的同时，不可避免地也要受到其他行星对它的引力，这个引力就会使行星的轨道发生偏离，这种轨道偏离现象就叫摄动。把这些计算结果与天王星的运动情况进行对比后，科学家们认为，天王星的“越轨”在向人类转达着一个信息，可能在天王星之外还有一颗行星，天王星的“越轨”就是这颗行星的吸引造成的。

几张白纸“换来”的星球

于是，世界各国的天文台都在努力寻找这颗新行星。可是，因为对这颗行星一无所知，几年下来各国的天文台一无所获，这颗神秘的行星始终不愿意露出它的真面目。看来要想发现这颗行星只有另辟蹊径。有的科学家想，为什么不利用天王星轨道的摄动情况来计算这颗未知行星的位置和大小呢？这样不就容易找到这颗行星了吗。应该说这个思路是非常正确的，但是未知的数据太多，计算起来难度是极大的。

但是，就有不怕困难的。当时，英国和法国各有一个年轻人，以“初生牛犊不怕虎”的精神，在事先谁也不知道谁的情况下，不约而同地去研究这个理论难题。1845年，26岁的英国大学生亚当斯首先得到计算结果。但是，当他兴致勃勃地把计算资料送给英国格林尼治天文台的台长时，却受到了冷遇。这位台长自恃是技术权威，对亚当斯的计算结果根本不屑一顾，他不相信仅凭理论计算就能得出一颗行星的位置。以至于这个天文台在亚当斯预言的区域发现一颗新星时，仍然认为是一颗新发现的恒星，不承认它是新发现的太阳系新成员。

白纸“换来”的星球——海王星

与亚当斯相比，36岁的法国大学助教勒威耶就幸运多了。1846年，勒威耶直接写信把自己的计算资料寄给了德国的柏林天文台，请求他们用大型望远镜寻找这颗行星。结果，柏林天文台在收到信的当天晚上，只用了半个小时就在勒威耶计算的位置上找到了这颗新行星。新行星那湛蓝的小圆面使人想起了广阔的大海，所以这颗新行星被命名为“海王星”。

后来人们把亚当斯和勒威耶的计算结果进行了对比，发现两个人的计算结果几乎完全相同，真可谓不谋而合。后来亚当斯被公认为海王星的共同发现人。

海王星的发现至今仍是科学家们津津乐道的话题。一位科学家说得好：除了一只笔、一瓶墨水和几张纸之外，没有任何仪器就预言了一颗极其遥远的未知星球，这样的事情无论什么时候都是引人入胜的。

看看海王星

从1846年海王星被发现后的100多年里，科学家们为了了解这颗行星做了大量工作，但是终因这颗行星离我们太遥远了，人们对它的情况仍然知道的甚少。

“旅行者二号”探测海王星

1989年8月，“旅行者二号”探测器，经过12年的长途跋涉，终于飞近海王星，先后向地球发回了6 000多幅照片。这是人类有史以来第一次从72亿千米的遥远距离，接收另一颗行星的照片。当“旅行者二号”抵达距海王星最近点之后4分钟，开始将所拍摄的照片发回地球。这时正是美国时间晚上9点的黄金时间，美国公共电视网为了让观众目睹海王星的风采，实况转播了“旅行者二号”从72亿千米之遥的太空发回的一幅幅照片。整个转播历时7个小时，数十万电视观众在电视机前欣赏了海王星及其8颗卫星和5条光环的生动画面。

海王星的直径大约是地球直径的4倍，体积大约是地球体积的57倍，质量是地球质量的17倍多。它自转一周大约需要15小时40分钟，公转一周大约需要165个地球年，从人类发现它至今，它还没绕太阳转完一个圈子呢！海王星也和木星一样是一个明显的“扁球”，这是它自转速度快的结果。目前已经发现，海王星有8颗卫星和5条光环。

“照方抓药”寻找冥王星

海王星被发现之后，科学家们发现，凭海王星的质量不足以使天王星产生这样的摄动，也就是说天王星的摄动不完全是海王星造成的。此外，海王星本身也有“越轨”行为，这就说明海王星外面可能还有行星。于是科学家们按照寻找海王星的办法“照方抓药”，又投入了寻找第九颗行星的工作。世界各地的天文台通过理论计算预测的位置，不厌其烦地反复搜索。但是二十多年过去了，这颗神秘的行星始终没有出现。1930年3月，一个偶然的机会，美国25岁的年轻科学家汤博发现在双子星座的点点群星中，有一颗星好像在许多星星之间“跑”了一段路。这个现象引起了他极大的注意。经过反复跟踪观测，这颗“跑路”的星星，正是人们寻找了二十多年的那颗行星。就这样，太阳系的第九颗行星——冥王星终于“露面”了。

找到冥王星真不是件容易的事

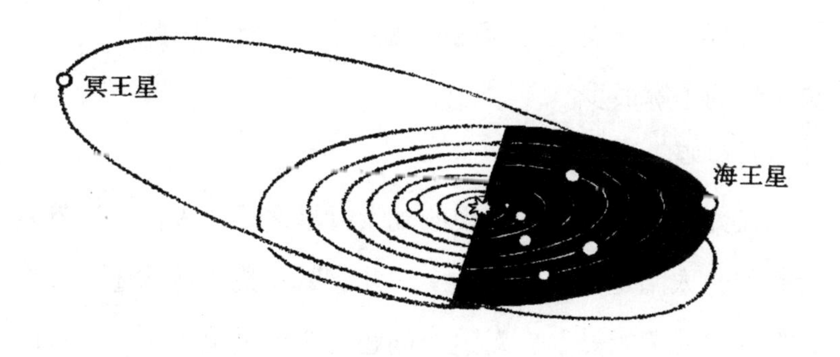

冥王星轨道

冥王星实在是太暗了。在巨型望远镜里它也只是一个昏暗模糊的小光斑，根本看不到行星特有的圆面。所以在20世纪70年代以前，除了一些轨道特征之外，人们对它几乎一无所知。幸亏1978年人们发现了它的卫星冥卫一，通过这颗卫星才计算出它的质量比月球还小得多，只有地球质量的0.24%，月球质量的11%。它根本不会对天王星、海王星造成什么影响，原来在寻找它的过程中计算的质量、轨道都不对。所以，有的科学家认为，与其说冥王星也是通过计算发现的，还不如认为是极为幸运的巧合。事实上，这绝不完全是巧合，而是汤博大量艰苦劳动的结果。因为汤博知道，计算的位置可能不准确，所以他把预定区域划成许多小块，然后一小块一小块地认真观测拍照，每几天就重新观测一次。在拍了大量的照片之后，对每一张照片上密密麻麻的星点逐一进行认真的核校，最后海里捞针，在2万多个“疑点”中终于找到了冥王星。

至今，还没有任何探测器飞临过冥王星。因此，人们对冥王星的了解很少。

还有行星吗

在介绍完太阳系已发现的九大行星之后，人们很自然就会想到，太阳是否只有这九个“儿女”？我们地球还有没有其他的“兄弟姐妹”？对这个问题至今仍是莫衷一是。正因为它是一个未知数，所以科学家们干脆把还不知有没有的行星叫作X行星。

“第十颗”行星在哪里

如果真有X行星，它会藏在哪儿呢？已发现的九大行星之间不会有“X”的立足之地了。所以，只能向“两头”去寻找它的踪影。也就是说，在水星轨道内寻找“水内行星”或者在冥王星轨道外寻找“冥外行星”。

在水星轨道内寻找“水内行星”曾风光一时。原因是水星的轨道也有不明原因的变化，一些科学家认为这是“X”在作祟。但是寻找了几十年，没有结果。此外，爱因斯坦的广义相对论证明，水星轨道的变化是因为太阳巨大的质量，使空间弯曲造成的。所以，“水内行星”存在的可能性不大。

在冥王星之外情况就比较复杂了。不少人认为冥王星之外还有行星。首先，从太阳系的实际范围来看，现在九大行星占整个太阳系的区域充其量不到1%。所以不少人认为，在不到1%的区域内集中了这么多的行星、卫星、小行星，而在99%的“广阔天地”里却“一无所有”太不可思议了。其次，冥王星的质量太小不足以解释天王星、海王星的“越轨”行为，这很可能是“冥外行星”“X”在作怪。有人甚至认为“X”可能不止一颗，有的认为有两颗，有的甚至认为有8颗。

然而，也有许多科学家提出反对意见。他们认为：从太阳系形成的过程来看，在原始星云收缩过程中，多数物质都聚集到中心区域的平面上了，冥王星之外不会“剩下”多少“东西”了，完全不足以形成大的行星。此外，天王星、海王星的轨道异常的原因很复杂，甚至有可能是观测误差造成的，也有可能是太阳系附近的小黑洞引起的，不是非要“冥外行星”才能使天王星、海王星“越轨”。

双方的争论至今没有结束，谁是谁非，人们希望新的探测结果能够提供可靠的“证据”，做出正确的回答。